行星觀測、簡易版火箭、麻醉藥問世、陵墓機關……
那些你以為近代才出現的東西，
其實早已在中國流傳了上千年！

是時候展示古人
真[illegible]的技術了！

古時候沒有冰箱，魚肉瓜果不會臭酸長蟲嗎？
春秋時代就已經能觀測到五大行星、800 多顆恆星方位？
南北朝數學家不用計算機，竟然算到圓周率的小數點後七位？

韓品玉 — 主編
張潔 — 編著

靠著工具或電子儀器研發出新東西才不稀奇，
古人的創新發明力，可以說是「無中生有」的等級！

目錄

前言

第一章　發明之光

陶甑的問世……12
指南車的發明……14
燒窯業的出現……16
中國最早的輪子……19
熨斗……21
秤的發明……22
鋸的發明……25
櫓的發明……27
傘的發明……29
蒸籠的由來……32
理髮工具的發明……33
中國最古老的機器人……35

第二章　科技之幻

神奇的古代滴漏……38

蔡倫和造紙術……39

張衡的地動儀……42

賈思勰與《齊民要術》……44

雕版印刷術……46

火藥的發明……49

活字印刷術的發明……51

指南針的應用……54

世界上最早的自鳴鐘……56

神奇的被中香爐……59

第三章　醫學之花

針灸療法的創造與發明……62

四診法的發明……64

《黃帝內經》……67

神奇的麻沸散……69

張仲景和《傷寒雜病論》……72
起源於中國的人痘接種術……74
孫思邈與《千金方》……77
李時珍與《本草綱目》……80

第四章　天文曆法之奇

農曆的來歷……84
《甘石星經》……85
二十四節氣……87
圭表的用途……89
日晷……91
干支紀年法……92
張衡的渾天說……95
製圖六體理論……97
水運儀象臺……99
楊忠輔與《統天歷》……102
郭守敬的《授時歷》……104

第五章　數學之奧

中國最早的計算工具 …… 108
算盤的問世 …… 110
游標卡尺的發明 …… 112
《周髀算經》 …… 114
祖沖之與圓周率 …… 116
楊輝三角 …… 120
李冶與天元術 …… 124
韓信點兵與中國的剩餘定理 …… 126

第六章　建築之美

秦代的阿房宮 …… 130
萬里長城 …… 132
洛陽白馬寺 …… 134
李春與趙州橋 …… 136
敦煌莫高窟 …… 139
布達拉宮 …… 141
孔廟大成殿 …… 144

故宮太和殿……147
泰山岱廟天貺殿……150

第七章　農具之用

耒耜的發明……156
最早的牛耕……158
桔槔……160
鐵犁……162
耬車的妙用……163
風扇車……165
馬鈞的翻車……167
曲轅犁……169
筒車……171

第八章　手工業之妙

冰鑑……176
墨斗……178

古代的提花機……180
水排的發明……182
流光溢彩的唐代陶瓷業……184
中國最早的紙幣——交子……186
棉紡織機的問世……188
魚洗盆的絕妙……191

第九章　軍事之強

連環翻板……194
火箭的發明……195
世界上最早的原始步槍——突火槍……197
地雷……200
神火飛鴉……201
水雷……203
康熙時的「神威無敵大將軍」……205
中國最早的「特混艦隊」……207

前言

在人類歷史的發展中，科技發展是一種不可缺少的驅動力，是促使人類有意識地了解和改造自然的活動。從發明之光、科技之幻中，這種改造自然的活動就已經開始；醫學之花讓我們生生不息，綿延下去；天文曆法之奇使神妙奇幻的星空不再神祕；數學之奧讓人們變得更踏實精微；建築之美盡顯高雅的文化品味和深厚的歷史底蘊；農具之用、手工業之妙、軍事之強向世人展現了古人的智慧，製作在科技領域劃下了一道漫長曲折而又執著向前的軌跡。

科技的發明雖然枯燥繁雜且充滿艱辛，但成果為後世帶來了巨大的便利，如輪子的發明大大減輕了交通運輸的負擔，也推動著交通運輸方式的不斷變革。今天，我們不僅可以借助各種交通運輸工具在陸地上馳騁，而且能隨心所欲地潛入海底，翱翔藍天。科技無時無刻不在改變著人類的世界觀和認知，它的發展有時來自於偶然，但更多來自於科學家們夜以繼日的辛勤努力。

正因為科技發展的歷程中有著如此精彩的故事，才有了編寫此書的動機。編者從廣袤的古代科技中精選了百餘個具有代表性的發明故事，盡可能用生動有趣的語言來講述中國古代科技歷史上最重要的發明、發現及製作，不僅使乏味的科技內容變得親切生動，可以更貼近讀者，而且一個個小故事盡顯了古代科學家、發明家等對科技研究的執著精神，以及對前人經驗的繼承和創新精神。這些故事展示的技術知識，既有利於我們更明確地認識宇宙、自然、萬物及本身，又有益於我們形成邏輯性的理性思維。

第一章　發明之光

陶甑的問世

生活在距今約七千年前的河姆渡原始居民，以種植水稻為主，兼營漁獵、飼養家畜，這片大地豐富了先民的食物來源。香噴噴的白飯，漫山遍野的野菜、野果，品種不一的鳥蛋，味道鮮美的魚肉等，都成為河姆渡先民的美味佳餚。那時的人們是如何做出白飯的？下面就讓我們一起揭開歷史之謎。

先民知道火可以利用以後，發現用火燒過的食物特別容易咀嚼，味道也很鮮美，所以燒烤食物成為他們主要的飲食方法之一。這種方法簡單可行，不需要任何蒸煮器皿，隨著人類的不斷進步和農業的發展，河姆渡先民在飲食方面有了更高的要求，這促使他們不斷發明和改進蒸煮工具。

河姆渡原始居民最初只能用燒烤或水煮的方式食用稻粒。遇上災害性天氣，造成稻米歉收，人們食不果腹，就用橡子作為食物的補充來源。橡子澀味極重，口感極差，人們實在難以下嚥，只有想辦法先去掉橡子的澀味再食用。河姆渡原始居民發現，如果先將橡子磨成粉，然後放在陶盆或陶罐內用水浸泡數日，再拿出來食用基本就可以了。可問題是橡子粉既不能像米飯一樣放在釜內加水煮，又不能像獸肉那樣在火上燒烤，最好的辦法就是隔水蒸煮，於是中國最早的蒸食器皿——陶甑（ㄗㄥˋ）就這樣出現了。

河姆渡陶甑

陶甑的形狀與陶盆相似，只是在平底上鑽了許多蜂窩狀的圓孔，孔徑約 1 毫米，外壁上有一對半環耳，便於搬動。陶甑是不能單獨使用的，要和陶釜一起使用。人們先在陶釜內加上水，然後放上陶甑，陶甑上蓋上蓋子，然後在釜下燒火。陶釜內的水燒開後，大量的蒸氣通過陶甑底部的圓孔就可以將食物蒸熟了，這也是遠古人類對蒸氣的最早利用。這種底部帶小孔的陶盆，後來演變成蒸籠。

河姆渡原始居民在不斷的嘗試中發現，把稻米放在陶甑裡蒸熟了吃，不僅香甜，而且能增加食慾，使自身的體質變強。於是白米飯就成了當時河姆渡原始居民宴席上的美食，用蒸的方法做出熟食，是我們祖先對人類的一大貢獻。

指南車的發明

你知道指南車是怎麼發明的嗎？這要從幾千年前黃帝戰蚩尤的傳說說起。

蚩尤是上古時代九黎族的首領，曾和炎帝族發生衝突。為了戰勝蚩尤，炎帝只好向黃帝求救，後來，炎帝說服了黃帝，兩個部落結成聯盟。據說黃帝和蚩尤打了 3 年仗，前後交鋒 72 次，結果沒有一次獲勝，後來雙方在一次大戰中，蚩尤眼看就要失敗了，他趕忙請來風伯、雨師助陣，二人呼風喚雨，給黃帝軍隊的進攻造成極大困難。此時的黃帝急中生智，忙請來一位名叫魃（ㄅㄚˊ）的女神，施展法術，才制止了狂風暴雨，不甘失敗而又詭計多端的蚩尤又製造了大霧，霎時煙霧瀰漫，黃帝及其軍隊被團團包圍在大霧中。這時，黃帝十分著急，只好命令軍隊停止前進，並召集大臣前來商討對策，深受黃帝信任的應龍、常先、大鴻等大臣都到齊了，就是不見風后的影子，黃帝非常擔心，立即派人四下尋找，可是找了半天也沒找到風后，天快黑了，黃帝更擔心了，他決定親自出去尋找風后。終於，黃帝在一輛戰車上發現了呼呼大睡的風后，他走過去，揪住風后的耳朵氣憤地說：「快起來，大家都在擔心你，你卻在這裡睡覺！」風后揉著惺忪的睡眼說：「我哪裡是在睡覺啊，我正在苦思冥想，如何能破蚩尤的法術。」說著，風后用手指著夜空繼續說：「您看天上的北星，斗雖轉動，但柄不動。臣下曾聽人說過，伯高在採石煉銅的時候，發現了一種磁石，能將鐵吸住，那麼我們是不是可以根據北星的原理，用磁石製造一種能辨別方向的東西呢？我們如果有了這種東西，就再也不怕迷失方向了。」黃帝聽後連聲稱讚道：「好主意！好主意！」然後，他就命令大家一起動手來幫助風后。在大家的共同努力下，一個能指引方向的儀器終於誕生了，之後，風后又製作了一個假人，安裝在一輛戰車上，無論怎麼旋轉，假人伸手指著的方向都是南方，這個車就是指南車。有了指南車的引導，黃帝統率的軍隊終於衝破了重重迷霧，打敗了蚩尤。這畢竟是傳說，而真正有記載的指南車出現在西漢《西京雜記》中，其中漢代皇帝的御駕中就列有指南車。據歷史記載，東漢時期傑出的科學家張衡也曾發明過指南車，可是製造方法失傳了，三國時期，馬鈞又重新造出了指南車，這種車要用馬拉著走，車上裝有一個木頭做的「仙人」，無論車子向哪個方向行駛，「仙人」總是面向南方，右手臂也指向南方。

黃帝發明的指南車

指南車設計的關鍵在於對自動離合的齒輪系統的應用，這種輪系結構相當於現代機械結構中的差動齒輪系統，所以英國著名科學技術史專家李約瑟曾指出，中國古代的指南車「可以說是人類歷史上邁向控制論機器的第一步」。指南車的發明充分展現了中國古代機械製造的高超水準，是古代力學在實際應用中的卓越成就。

燒窯業的出現

你知道「china」的中文含義是什麼嗎？對，就是「瓷器」的意思。一件件瓷器，演繹著一個個故事。瓷器不僅出現在華人世界中，也代表著中國古代手工業發展的輝煌成就，一件件精美瓷器的問世是離不開燒窯業的。

燒窯，泛指在一個人工搭建的建築物裡，透過生火加熱至高溫，使黏土燒製成型的過程，我們通常所說的燒窯就是指燒製陶器、瓷器等。傳說女媧是燒窯業的始祖，後又說是太上老君（他在煉製丹藥時發明的），而據考古挖掘資料顯示，燒窯業已有 1 萬多年的悠久歷史，在黃河流域和長江流域許多新石器時代的遺址中，就出土了大量的陶器。陶器製作首先是以黏土為胎，經過手捏、輪製、模塑等方法加工成型後，再在 800 ～ 1,000℃的高溫下焙燒成不同形狀的物品，主要有灰陶、紅陶、白陶、彩陶和黑陶等品種。燒製出來的陶器大都具有濃厚的生活氣息和別具一格的藝術風味。陶器的發明是人類文明進步的重要里程碑，這是人類取自自然，利用自然，完全釋放自己想像力的偉大創造。

燒窯

為了增強陶土的成型性和耐熱急變性，燒窯業所需的原料要求很高，需要選擇含鐵量高、黏性適度、可塑性強的黏土，一般還要在黏土中加上高嶺土、石英、長石、砂石粉末、草木灰等原料。原料配製後，還要進行粉碎，以減少其中的顆粒度，使坯泥更細膩，以提高成品率，之後人們還要對原料進行捏練和陳腐，以增強坯泥的可塑性。原料配製好後，根據自己的需求製成各種器型，這就是待燒的坯體，等到坯體晾乾後，才能入窯焙燒。如果要燒製彩陶，還需在焙燒前先上彩繪，這樣彩繪就會固著在器物表面，不易脫落。秦始皇陵兵馬俑即為彩繪陶，各個陶俑栩栩如生。在陝西西安半坡遺址中出土的人面魚紋彩陶盆，製作非常精美，紋飾表現出濃厚的生活情趣，這說明在農耕時期，人們不僅有著豐富的想像力，而且製造彩

陶的技術已日臻完善。另外，青海出土的舞蹈紋彩陶盆，生動地描繪了五人一組的集體舞場面，堪稱是彩陶中的精品。

之後燒窯業技術不斷發展改進，主要體現在燒製的燃料和火候上。東漢末年燒製青瓷的技藝逐漸成熟，南北朝時期燒製的白瓷又是燒窯業技術的一個重大突破，隋唐時期的燒製工藝更加成熟，製瓷業成為獨立的生產部門。宋代出現了各具特色的地方瓷窯，有「五大名窯」，即官窯、汝窯、哥窯、定窯、鈞窯，景德鎮還成了著名的「瓷都」，元代進入彩瓷生產期，燒成了青花瓷和釉裡紅瓷，還創造了技術精良的鬥彩和五彩瓷，清代出現了粉彩和琺瑯彩。明清時期，景德鎮是製瓷業的中心，當地所產的青花瓷造型多樣，花紋優美，暢銷海內外，成為世界各國了解中國的一大特色。

青海出土的舞蹈紋彩陶盆

中國最早的輪子

輪子是人類最古老、最重要的發明之一，也是人類文明進步的重要表現。中國歷史上最早的輪子是誰發明的呢？

相傳，大禹治水需要大量的石頭、土袋等材料，每天完全靠人工搬運，很多人因為體力不支累趴下了。有一個叫奚仲的人，一直在想辦法幫人們解決這個問題，他每天潛心研究，不分晝夜地忙於設計。皇天不負有心人，經過他嘔心瀝血地不斷試驗，第一個輪子問世了，很快他又做出了第二個輪子，他用兩個輪子架起車軸，並將車軸固定在帶轅的車架上，車架上附有車廂，用來盛放貨物。就這樣，人們利用輪子把物體從一個地方移動到另一個地方，世界上第一輛輪車終於產生了。可是它比較笨重，承重力也不夠，後來奚仲又對車輪、車轅、車衡、車軛、車軸、車廂進行了改進，還定製了統一的尺寸和形狀，進行標準化生產。奚仲還以中間是空心而且有輻條的車輪代替了常見的實心木柄車輪，使得車輪轉動更加靈活，車子使用起來也更輕便了。大禹看後非常開心，撥給奚仲大量的材料和人力，讓奚仲批量生產車輛。之後，大禹將其生產的全部車輛投入到治水第一線，奚仲設計和改進的車輛，無論在承重力還是在速度方面，都比人工搬運提升了很多，這樣提高了治水的效率。

古代戰車車輪

傳說，大禹透過「禪讓制」做了部落聯盟首領後，奚仲又專門為大禹精心製作了一輛舒適、氣派的馬車，用四匹馬駕馭，作為大禹的專車。傳說，當時馬車也隨之出現了，大大解放了人力，之後馬車還出現在中原戰場上，成為「戰車」。後來，大禹的兒子啟征討有扈氏時，就是靠這種馬拉的戰車，打垮了有扈氏的軍隊，取得了最後的勝利。

最早的輪子是用光滑的圓木做成的。儘管輪子發明很早，使用輪子的馬車也強烈地吸引著人們，可是人們用來建造使用輪子的機器，卻花費了幾個世紀的時間，而且在大約 400 年的時間裡，輪子的基本形狀一直是沒有任何變化的，今天我們所能看到的飛輪、滑輪、齡輪等都是在早期輪子基礎上發展而來的。有了輪子，機械世界裡才有了轉動運動，如飛機螺旋槳、蒸汽機旋輪，以及手錶的游絲，之所以能連續轉動，靠的就是輪子，所以輪子是中華民族的一項重要發明。

熨斗

中國人自古以來就非常講究服飾美。那麼，如何讓自己的衣服更平整呢？當然熨斗是功不可沒的。大量的考古資料顯示，中國是世界上最早發明和使用熨斗的國家。

熨斗就是熨燙衣料的用具。關於這個名字的來歷，古代文獻中有兩種解釋：一是取象徵北的意思。東漢的《說文解字》中解釋：「斗，象形有柄。」，二是熨斗的外形如斗，所以人們把它稱為「熨斗」，亦稱「火斗」或「金斗」。現在人們使用的多是電熨斗，而古代的熨斗都不是用電的，使用前要先把燒紅的木炭放在熨斗裡，等熨斗底部被燙熱之後才可使用，所以也叫「火斗」。古時人們使用熨斗時，為了防止手被燙傷，就在熨斗後部接口處嵌接著木柄。而「金斗」就是指做工非常精緻的熨斗，只有貴族才能享用，一般平民是用不起的。

古代熨斗

熨斗的歷史可追溯到商代，大家自然會想到商紂王的「炮烙之刑」。在商代它確實是作為刑具而發明的，專門用於熨燙人的肌膚。而把熨斗用於熨衣服是從漢代才開始的。晉代的《杜預集》記載：「簸杵、澡盆、熨斗……皆民間之急用也。」這說明到了晉代，熨斗已成為民間的家庭用具了。從漢代到明代，幾乎所有熨斗都是銅質的，都有著平滑的斗底，造型設計變化也不大，都是黑乎乎的，無蓋，像一個水瓢。人們使用時先在熨斗內部放置燃燒的木炭，然後將熨斗放在要熨燙的衣服上，利用它的高溫將衣服熨平整。隨著澆鑄技術的提高，直到清代熨斗的造型才有了巨大變化，變得特別美觀、大氣。1920 到 1930 年代還出現了整個繪有琺瑯彩的熨斗，並且加上了蓋子，使用起來更科學、更安全、更環保。隨著第二次工業革命的到來，電的使用廣泛起來，1882 年美國的亨利．沃希利獲得第一個電熨斗專利。

秤的發明

你知道嗎？秤是春秋時期的范蠡發明的。

范蠡不僅是春秋時期傑出的政治家、軍事家，而且是中國古代商人的鼻祖。他曾經輔佐越王勾踐臥薪嘗膽，終於完成復國大業，他深知越王可以共患難，卻不可以共安樂，於是他急流勇退，棄官從商。

相傳范蠡曾在今山東定陶經商，他漸漸發現，人們在市場

上買賣東西，沒有一個衡量的標準，很難做到公平交易，人們經常為此打架，搞得市場上很不安定，他便有了創造一種測定貨物重量工具的想法。

一天，一身布衣的范蠡從村中路過，忽然看見一位年邁的農夫正在從井中汲水，方法極其巧妙：他先在井邊豎起一根高高的木樁，再將一根橫木綁在木樁的頂端，橫木的一頭吊著木桶，另一頭繫上石塊，使用時一上一下，很省力地就把水汲上來了。范蠡深受啟發，苦苦困擾他的問題終於有解決的辦法了。他急忙跑回家，關門閉戶，開始研究。他先找來一根細而直的小木棍，並在上面鑽了一個小孔，接著又在小孔上繫了根麻繩，方便用手來掂量，他在細木棍的一頭拴上一個吊盤，用來盛放要買賣的東西，在細木棍的另一頭拴了一塊鵝卵石。鵝卵石移動得離繩越遠，表示能吊起的貨物就越多，但一個新的問題又出現了，一頭要掛多少貨物，另一頭的鵝卵石要移動多遠，才能保持平衡呢？這就必須要在細木棍上刻出標記符號才行。那麼要用什麼東西來做標記呢？范蠡苦思冥想了幾個月，煩心的問題還是沒有解決。一天夜裡，范蠡站在窗前沉思，一抬頭看見了天上的星宿，突發靈感：不如就用南斗六星和北斗七星做標記吧！用一顆星代表一兩重，十三顆星就代表一斤。從此，貿易市場上便有了一種統一計量的工具 —— 秤，極大地方便了人們的生活。

後來，范蠡在市場上又有了新發現，他看到有一些奸猾的商人賣東西時總是缺斤少兩，影響了正常的公平交易，購物者常常被騙，這個問題一直困擾著范蠡。他想啊想，有一天他終於想出妙計，決定在南斗六星和北斗七星之外，再加上福、祿、壽三星，以十六兩為一斤。他這樣設計的目的就是告誡奸商：作為商人，必須光明正大，不能賺黑心錢。范蠡還說：「經商者若欺人一兩，則會失去福氣；欺人二兩，則後人永遠得不了『俸祿』(做不了官)；欺人三兩，則會折損『陽壽』(短命)！」

秤

秤就這樣誕生了，從此這種公平的計量工具便一代一代地流傳下來，並沿用至今。秤的使用讓人們的生活更加和諧美滿。

鋸的發明

大家都知道，鋸的發明者是魯班。他是如何發明鋸的呢？

魯班生活在春秋末期到戰國初期的魯國，姓公輸，名般，因為「般」和「班」同音，所以人們常稱他為魯班。他出身於世代工匠之家，從小就聰明好學，勤於觀察，逐漸掌握了許多土木建築的技能，積累了豐富的實踐經驗。

相傳有一年，魯國國君命令魯班修建一座巨大的宮殿。距離動工還有 15 天，磚瓦石料都已準備齊全了，但還缺少 300 根梁柱，如果動工時木料準備不齊，按刑罰是要被處死的。由於當時還沒有鋸，砍樹全靠斧子，一天下來工人個個筋疲力盡，也砍不了幾棵，遠遠不能滿足工程的需要，這下可把魯班急壞了，他決定親自上山去察看情況。上山的時候，魯班突然腳下一滑，急忙伸手抓住路旁的一棵野草，他頓時覺得手很痛，抬手一看，長滿老繭的手被劃出一道很深的傷口，鮮血直流。魯班很驚奇，一片草葉為什麼這麼鋒利呢？於是他摘下一片葉子細心觀察，發現草葉邊緣長著許多鋒利的細齒，他一轉身，又看見一隻大蝗蟲正飛快地把一片草葉吃下去。蝗蟲為什麼不懼怕這種草葉呢？魯班好奇地捉了只蝗蟲，仔細觀察才發現原來蝗蟲的兩顆大板牙上排列著許多小細齒，蝗蟲正是靠這些小細齒來咬斷草葉的。魯班看著小草的葉子和蝗蟲的大板牙，茅塞頓開，他在山上找到了一條竹片，又在上面刻了一些像草葉和蝗蟲板牙那樣的鋸齒，然後迫不及待地用它在小樹上來回拉了起來。神奇的是，魯班沒幾下就把樹皮拉破了，再一用力，小樹幹就被劃出了一道深溝。魯班開心極了，又在身旁的一棵大樹上來回拉起來，可是沒過一會兒他就發現竹片上的鋸齒不是鈍了，就是斷了，要想要不間斷伐樹，就必須隨時更換竹片，這樣不僅會造成巨大浪費，而且會影響伐樹的速度，耽誤工程的進度。魯班又陷入了沉思，什麼樣的原料做鋸齒才能更有效呢？這時，魯班突然想起了鐵，他立即跑下山去，請鐵匠按照自己的要求製作了一條帶鋸齒的鐵條。魯班帶上它迫不及待地返回山裡，拿它鋸大樹，又快又省力，憑藉這種工具，魯班和徒弟們只用了 13 天就備齊了 300 根梁柱，使工程得以順利完成。魯班發明鋸後，人們不斷改進，又製造出了各種各樣的鋸。

鋸

魯班是中國古代一位傑出的發明家，兩千多年以來，他的名字和有關他的故事，一直在民間流傳。

櫓的發明

櫓就是安裝在船邊像魚鰭那樣劃動的船槳，它是古代發明的一種仿生魚尾，安裝在船尾，左右擺動可使船像魚兒擺尾那樣前進。

說到櫓的發明，還有一個傳說呢。相傳魯班有一天來到海邊，看見漁民出海捕魚時，都是用一支支扁條狀的木板和大竹片划行，使木船前行。使用這樣的划具不但笨重、吃力，而且划行速度相當慢。當晚，魯班又偷偷來到海邊，他對著停泊在岸邊的長條木船仔細端詳了好半天，又量了量船的各個部位，之後陷入了沉思。他想啊想，不知不覺天亮了，魚兒又開始在水裡歡快地暢遊起來。看著魚兒在水中擺尾前進，他一下子有了靈感。他飛奔回家，找來幾塊長木頭，就開始削起來，經過幾天的打磨，他的第一根櫓終於問世了。櫓的外形有點像槳，但是比較大。這根櫓分為兩段，上段長 2 公尺左右，是扁圓形的，下段與上段一樣長，只不過下段是扁條狀的。魯班用兩端削扁的木頭把上下段結合起來，然後再把做好的上、中、下三段，用藤片綁緊固定住。看著自己的勞動成果，魯班很高興。可問題又來了，怎樣才能安裝使用呢？

面對著長長的木船，魯班又開始苦苦思索。經過反覆試驗，他終於成功了。魯班把櫓安裝在船尾的櫓檐上，剖面呈弓形的一端入水，另一端則綁在船上。當人們用手輕搖櫓擔繩時，伸入水中的櫓板就會左右擺動，當櫓擺動時，船跟水接觸的前後部分就會產生壓力差，從而形成推力，船隻就會很輕巧地被推動著前進，看起來就像魚兒擺尾一樣前進，這樣不僅省力，而且速度大大加快。櫓還會發出「吱嚕」、「吱嚕」的聲音，彷彿在為捕魚的漁民加油助威。不要小看從槳到櫓的變化，這實際上是由間歇划水變成了連續划水，所以在古代就有了「一櫓三槳」的說法。漁民們認為櫓的效率可以達到槳的三倍，從此漁民的捕魚效率大大提高。

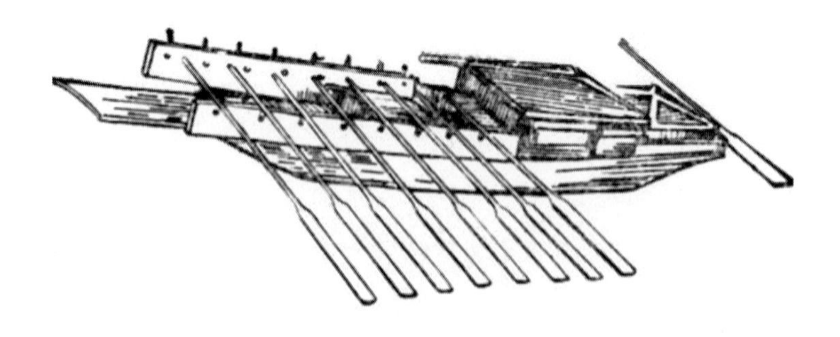

櫓

當時的人們認為這種工具是魯班發明的，為了讓後人永遠記住魯班，就給它起名叫「魯」。魯班不同意。後來有人提議說，工具既然全是用木料做成的，那就在「魯」字的左邊加上一個「木」字，叫「櫓」。從此，櫓的名稱沿用至今。

櫓變槳，變前後划水為左右撥水，克服了槳離開水後划行做無用功的弊端，成為連續做有用功的先進推進裝置。由於櫓

的結構簡單而又輕巧，發明後很快就得到推廣，不但在內河船舶中廣泛使用，而且在海船中也得到較充分的發展應用，大大提高了航行的速度。

櫓的問世不僅是中國造船史上的一項獨創性發明，而且是對世界造船技術的重大貢獻之一。大約在 17 世紀末，櫓傳到了歐洲，後來經過不斷改進，成為近代船舶上的螺旋推進器，極大地推動了世界航海業的發展。

傘的發明

傘，作為普通的生活用具，對人們來說，已是司空見慣，不足為奇。可是，在世界文化史上，傘一向被視為東方智慧的結晶。傘是何人在何時發明的，至今仍是個待解之謎。

傘在最初發明時主要是用來遮擋陽光的。相傳在幾千年前，黃帝部落和蚩尤部落在涿鹿大戰，當時烈日炎炎，蚩尤作法，塵沙飛揚，黃帝很難看清戰場上的軍隊陣勢，就命人在他的戰車上撐起一個叫「華蓋」的用具，用來遮擋住風沙和陽光，這樣黃帝就把蚩尤軍隊的布局看得一清二楚，最後黃帝透過自己的智謀打敗了蚩尤。

黃帝能取勝，那時的人們都認為是「華蓋」保佑的結果，並因此把它視為榮譽和權力的象徵。從此以後，黃帝走到哪裡，華蓋就跟到哪裡。所謂的華蓋就是一頂圓形的布蓋子下邊支著一根長棍，不能收攏也不能伸展，比較笨重，這就是傘的雛形。

後來又有傳說，春秋時期魯國的能工巧匠魯班，一直到鄉村間為百姓做木工活，他的妻子雲氏每天中午都要給他送飯，常常被突如其來的大雨淋成落湯雞。為此魯班在沿途為她設計建造了一些簡陋的小亭子，一旦路上遇到下大雨，便可以就近在亭內暫避一陣子。亭子雖好，但不能隨時搬挪。有一天，在亭子裡避雨的雲氏突發奇想：「要是能隨身帶個小亭子就好了。」後來雲氏就把想法告訴了魯班。此後幾天，魯班因為這事吃不下、睡不安，反覆思索，還是沒想好。一天中午，驕陽似火，酷熱難擋，正在工作的魯班抬頭擦汗時，看見一個孩子頭上頂著一張倒過來的新鮮荷葉向他走來。魯班覺得很有意思，就問他：「你頭上頂著張荷葉幹什麼呀？」孩子很得意地說：「魯班師傅，太陽烤得肉太痛了，頭上頂著荷葉，太陽就晒不到了，還很涼快，您也試一下吧。」魯班接過荷葉，仔細看了看，荷葉圓圓的，反面還有一些葉脈，往頭上一罩，既輕巧，又涼快，很舒服。魯班趕緊跑回家，把一根竹子劈成許多細細的條條，又照著荷葉葉脈的樣子綁了個架子，接著他又讓妻子找了塊布，把它剪得圓圓的，蓋在了竹架子上，「太好了，成功啦！」他高興得叫了起來。魯班把做成的東西遞給妻子，激動地說：「你試試這個東西，以後再出門就不用怕雨淋、太陽晒了。」魯班的妻子也很開心，拿過來看了看，為難地說：「不錯是不錯，怎麼把它收攏起來呢？」魯班聽後就跟妻子商量，他們一起動手，終於把它改成可以收攏的了。於是，世界上第一把傘就這樣問世了。

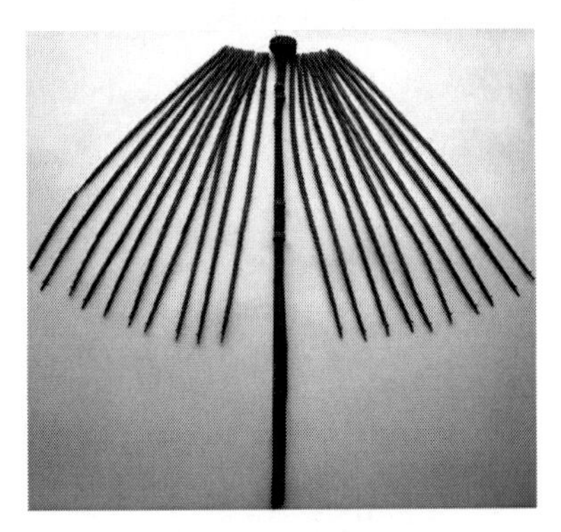

戰國古傘骨架

「傘」這個名詞，在中國南北朝時才出現，之前的各個時期都被稱為「蓋」。中國是世界上最早發明雨傘的國家，從發明之日到現在已有 3,500 多年的歷史，到了北魏時期，傘逐漸被用於官儀，老百姓將其稱為「羅傘」。羅傘的大小和顏色根據官職的大小有所不同，皇帝出行用的是黃色羅傘，表示可以「庇蔭百姓」，其主要目的還是遮陽、擋風、避雨。

蒸籠的由來

蒸籠起源於漢代，是漢族飲食文化中的一朵奇葩，是古人智慧的結晶。蒸籠大多是由竹、木、鐵皮等製成的，其中用竹蒸籠蒸食物既可以保持著水蒸氣凝結後不倒流，又可以使食物色香味俱全。

說到蒸籠在中國的起源，還有一個非常有趣的傳說。當年劉邦手下有位大將軍叫韓信，每次行軍打仗時，士兵都要帶著很沉重的鍋和糧食，非常不方便，生火做飯時，還常常因為炊煙而暴露軍營的位置，遭到敵人的襲擊，這使他非常苦惱。後來他們發現可以把竹子製成炊具，利用水蒸氣來蒸食物。這樣蒸出來的食物不僅味道鮮美，而且更容易攜帶保存，還減少了行軍中的大量輜重，令人頭痛的問題終於解決了，這使韓信大軍的行軍速度更快，經常出其不意地襲擊敵人，贏得了一場又一場戰爭的勝利。

其實，據考古學家考古證明，早在周代就已經開始採用竹子製作的蒸具來蒸煮食物了，但我們現在能找到的最早的確切紀錄，是在河南東漢墓中出土的石庖廚房壁畫中，該壁畫刻畫出了蒸籠，距今大約兩千年。宋代出土的磚雕上的蒸籠，則留下了古人蒸饅頭的珍貴紀錄。

作為一種古老的漢族手工藝品，蒸籠的製作工藝已經很成

熟。按照材質竹蒸籠主要分為青皮慈竹蒸籠和去青皮楠竹蒸籠。由於慈竹質地比較薄，所以在做慈竹蒸籠時都要帶著竹皮一起使用，因此在製作時，要用火適當地烤一下才耐用。由於製作這種蒸籠的材料很容易壞，所以現在已經不常見了，和慈竹不同，楠竹質地厚實堅硬，因此製作蒸籠時要用刀把外層竹皮刮去，也有用帶皮楠竹製作蒸籠的。完成一套蒸籠需要數道工序，大概需要幾天時間。目前，會這門民間手藝的藝人已經很少了。

理髮工具的發明

在清代以前，中國是沒有理髮工具的，直到清軍入關後逼迫漢人剃頭，才出現了剃頭業，所以現在仍然有人把理髮叫剃頭。真正意義上的理髮則出現在民國以後，隨著理髮業的出現，理髮工具也就應運而生了。

理髮工具的發明，要追溯到清朝初年。據說當年雍正皇帝患了很嚴重的頭瘡，太監每次給他剃頭、梳髮辮時，他總是疼痛難忍。雍正皇帝懷疑是剃頭匠和梳頭太監搞的鬼，一連殺了好幾個剃頭匠和梳頭太監。為此，京城裡很多技藝高超的剃頭匠，總是惶惶不可終日，害怕被召進宮去，招來殺身之禍。為躲避災難，他們紛紛逃離京城，不願離開京城的就直接改了行。當時有一位道士名叫羅隱，人稱羅真人，後人也稱羅公。他住在北京白雲觀中。當他聽說此事後，很同情那些無辜的受害者，從此他每天潛心研究剃頭技術，終於發明出了剃頭刀、刮臉刀，挖耳和梳辮子用的攏子、篦子之類的理髮工具，還研究出了按、捶、拿等一整套理髮的操作方法，並且毫無保留地將這些器具和技藝一一傳授給剃頭匠。為了拯救京城的剃頭業，胸有成竹的羅隱主動請纓進宮去給雍正皇帝梳頭。雍正對羅隱的梳頭技術非常滿意，既不疼又不癢，很舒服。在羅隱的精心護理下，雍正的頭瘡慢慢痊癒了。雍正為此龍顏大悅，賜封羅隱為「恬淡守一真人」，並把羅隱發明的剃頭新器具欽賜為「伴朝鑾駕小執事」。從此，剃頭匠得救了，他們對羅隱感恩不盡，尊奉羅隱為理髮匠的祖師爺，稱其為「羅祖」。

清代象牙梳具

羅隱死後，被葬在北京白雲觀裡，就是今天的「羅公塔」。農曆七月十三是羅隱的誕辰，每年這一天，剃頭匠都要赴羅祖祠去祭拜，以表達對這位祖師爺的崇拜和懷念。

中國最古老的機器人

隨著高科技的發展，很多人都夢想擁有一個能為自己進行全方位服務的機器人。然而，人們對機器人的幻想與追求已有3,000 多年的歷史了。

看過《三國演義》的人都知道，在第一百二十回裡詳細記載了諸葛亮製造木牛流馬的故事，這雖是人造機器牛、馬的先例，但這並不是中國歷史上最早的人造機器。據《列子．湯問》篇中記載，早在西周時期，周穆王向西巡狩的時候，曾經在遙遠的崑崙山下遇見了古代最神奇的工匠偃師。他曾獻給周穆王一個能歌善舞的伶人 —— 機器人。偃師造出的這個伶人和常人的外貌、動作極為相像，周穆王一開始還以為它是偃師的隨行人員，並沒有放在心上，後經過偃師的解釋，穆王驚奇萬分，還是不太相信，就讓那機器人開始表演。只見那伶人前進、後退、前俯、後仰，動作和真人幾乎一致。掰動它的下巴，就能夠唱出美妙的歌聲，和著音律還能揮動手臂婀娜起舞，舞姿優美，動作靈活多變，甚是招人喜愛，讓所有的觀看者驚愕萬分，周穆王看得直呼過癮，還讓他的寵姬出來陪他一起欣賞。偃師所造的這個機器人表情豐富，表演時伶人還不時地向周穆王的寵姬拋媚眼，氣憤到極點的周穆王實在是忍無可忍了，立即下令要斬殺偃師。偃師非常害怕，立刻把機器人拆開了給穆王看。雖然這個伶人五臟俱全，看起來如真器官，但裡面裝的都是些皮革、木頭、黑炭、顏料等。周穆王並不相信偃師的解釋，自己還親自走向前仔細查看，猛地一看，外邊的筋骨、關節、皮毛、牙齒、頭髮宛如真的一般，但觸摸起來確實是假的。周穆王還是難以相信，又讓偃師把這些東西重新組裝起來，站在他面前的又是一個活生生的伶人。穆王看後還是半信半疑，就讓人將伶人的心拆走，於是就不能唱歌了；拆走機器人的肝，它的眼睛就無法轉動了；又命人將它的腎拆走，伶人寸步難行。最後，周穆王心悅誠服，這才對偃師高超的技法大加讚賞。

現代第一臺可編程機器人是在 1954 年由美國人喬治．戴沃爾製造出來的，這種機器人能按照不同的程式從事不同的工作，具有較高的通用性和靈活性。隨著科技的發展，中國機器人產業發展迅速，在工業生產、家庭服務等方面發揮了重要作用，將古人對機器人的想像變成了現實。

第二章　科技之幻

神奇的古代滴漏

在鐘錶發明之前，古人是用什麼工具計時呢？答案是滴漏，即漏壺。

滴漏是根據水滴的規律而製造出來的計時裝置。遠古時期，人們根據日月星辰在天空中的位置來判斷時間，但是這種判斷並不準確。據說，黃帝手下有個臣子叫計時，他很善於觀察，每次到山上，總是被岩洞中水滴落在石頭上的強音節奏吸引。一天，他聽著聽著，忽然有了一個奇思妙想，於是他趕忙跑回家，找來一個容器蓄水，在下面鑽了一個小孔，令水滴下，並反覆尋找出它滴水的規律。經過 15 年的刻苦鑽研，計時最終得出一個規律，以漏滴三下為一秒，以漏滴 180 下為一分（即六十秒），以漏滴 10,800 下為一時（即六十分），以漏滴 21,600 下為一個時辰（即兩小時）。這也是最早的計時器，從此徹底打破了先民日出而作、日落而息的時間觀念，從而可以比較充分地把握時間，循時而作，極大地方便了人們的生活。

在長期的實踐過程中，人們慢慢發現，當漏壺裝滿水時，水的壓力比較大，流速就快，而當壺中的水越來越少時，水的壓力變小，流速就會變慢，這樣，計算出的時間就不那麼準確了。後來，人們又反覆試驗，把原來的滴漏加以改進，把單壺改裝為多壺，在原來的漏壺上又加了一隻漏壺，水一流走，它馬上就會補充漏壺中的水量，這樣壺內的水位和水壓就會始終

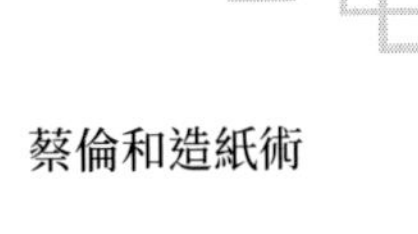

保持恆定，漏壺的計時精確度也大為提高。

元朝時期，人們又製成了銅壺滴漏。它的設計更科學，報時也更準確，一直沿用了大約 700 年。滴漏是古人智慧的結晶，為世界鐘錶史的發展做出了重大貢獻。

銅壺滴漏

蔡倫和造紙術

在發明紙之前，古代中國主要用龜甲、獸骨、竹簡、木牘、絲帛等記錄文字，但是甲骨的來源有限，在上面刻字十分困難，且不便攜帶、保存。竹簡和木牘是用長條竹片或木片做成的，一片上刻不了幾個字，寫一篇文章就要用許多片，非常笨重。據說秦始皇每天批閱用簡牘寫的奏摺重達一石（約 50 斤），後來人們又把絲帛作為書寫材料，雖然它柔軟輕便，易於書寫，但價格昂貴，所以以上書寫材料都沒能廣泛推廣。直到蔡倫改進了造紙技術，使中國乃至整個世界的書寫歷史都出現了轉折。

造紙工藝流程

蔡倫是東漢時期的宦官，曾在京城洛陽出任尚方令，主管監督朝廷中御用器物的製作。他非常聰明，平時喜歡思考問題，還經常和工匠們一起研究製作工藝，並親自動手製作。有一天，蔡倫看到皇帝不辭辛苦地批閱成堆的簡牘，就下決心要製作出一種輕便、易使用的書寫材料，以取代笨重的簡牘。

從此一有空他就鑽研造紙技術，總結前人的造紙經驗，不

停地試驗。一天，蔡倫無意中看到了絲帛的生產過程，這使他有了奇思妙想，是不是也能找到一種價格低廉、容易找到的原料呢？這樣在生活中他又成了一位尋覓者。

有一天，蔡倫在河邊散步，忽然看到河裡有一團像棉絮一樣薄薄的東西。出於好奇，他去水裡撈了一塊上來，放在手心裡仔細研究了半天，他突然大笑起來，如獲至寶，向河邊的一位老人詢問這東西是怎麼形成的。老人告訴蔡倫，河裡經常漂浮著一些樹皮、爛麻、破漁網，它們天天被水沖泡，被太陽晒，時間長了就變成他手裡的東西了。蔡倫聽後，舉目四望，河的四周長滿了鬱鬱蔥蔥的樹，他不由得眉開眼笑起來，多日的困惑終於消除了。

之後，蔡倫馬上投入緊張的試驗中，他找到了一些廉價原料——樹皮、破麻布、麻頭、舊漁網等，先讓工匠們把它們剪碎或切斷，然後在水裡漂洗一下，再放入一個大水池中浸泡一段時間後，其中的雜物就爛掉了，不易腐爛的纖維存留了下來。蔡倫讓工匠們把浸泡過的原料撈起，放入石臼中搗爛成漿狀物，經過蒸煮，然後在蓆子上攤成薄片，放在太陽底下晒乾，之後撥下來，這樣最後一道工序就完成了，原來的樹皮、破漁網、麻布頭就神奇地變成一張張輕薄柔韌且易使用的紙了。

蔡倫終於改進了造紙術，造紙原料取材容易、來源廣泛、價格低廉，可以大量生產，很受人們歡迎。用這種方法造出的紙，不僅輕薄，而且便於人們書寫，所以這種技術很快得到傳播，4 世紀傳到朝鮮半島，7 世紀傳到日本，12 世紀傳到歐洲，推動了世界文化的交流和傳播。

蔡倫曾被封為龍亭侯，後人為了紀念蔡倫，把用這種造紙工藝造出來的紙稱為「蔡侯紙」。

張衡的地動儀

張衡生活在東漢時期，博學多才，不僅留下了文采飛揚的〈二京賦〉，而且在數學、地理、繪畫、機械製造、氣象學等方面都有非凡的成就。張衡最著名的成就還是在地震學方面。132 年，他創製了第一臺能測定地震方向的儀器 —— 地動儀。

東漢時期，洛陽、隴西一帶經常發生地震，有時候一年一次，有時候一年兩次。其中的兩次大地震，導致很多房屋、城牆坍塌，死傷了很多人。當時的人們缺乏科學知識，以為地震是神靈主宰，把地震看作是不吉利的徵兆，一時間人心惶惶，上下一片混亂。張衡對此不以為然，他決定解開其中之謎，他把每次發生的地震現象都記錄下來，經過反覆對比、多次的實地考察和試驗，終於發明了測定地震方向的儀器 —— 地動儀。地動儀是用銅製成的，形狀像一個酒樽，內部豎著一根銅柱，柱子周圍有八組槓桿連接外面，儀器上面還有個凸形的蓋子，外面鑄有八條龍，龍頭分別朝著八個方向。每條龍的口中各銜著一枚小銅球，每個龍頭下面，都蹲著一個銅製的張著嘴的蛤蟆。如果哪個方向發生了地震，銅柱就會倒向哪個方向，觸動槓桿，使那個方向的龍口自動張開，把銅球吐出，落入下面銅製的蛤蟆嘴裡，並發出響亮的聲音，這樣人們就知道哪個方向發生地震了。

地動儀的復原模型

開始，人們並不相信地動儀的功效。138 年的一天，張衡正在洛陽城的家裡宴請朋友，地動儀正對西邊的龍嘴突然張開，吐出了銅球，隨之發出了響亮的聲音。張衡告訴朋友，一定是西邊發生地震了。朋友都說張衡大驚小怪，神經過於緊張，因為他們喝酒的杯子絲毫沒動，沒有察覺到任何地震的跡象，因此，大家都認為張衡的地動儀一點也不準。雖然朋友都這麼說，但張衡對地動儀的準確性堅信不疑。不久，驛站的人騎著快馬向朝廷報告，說離洛陽一千多里的隴西一帶 —— 正是地動儀所指的方向，發生了大地震，真的是山崩地裂，死傷無數。在事實面前，大家啞口無言，相信張衡地動儀的功用。

張衡發明的地動儀是世界上最早的地震儀，比歐洲的地震儀早 1,700 多年。張衡在科學史、文學史上都具有重要的地位，難怪曾有人評價張衡時說：「如此全面發展之人物，在世界史中亦屬罕見，萬祀千齡，令人景仰。」

賈思勰與《齊民要術》

賈思勰是北魏時期著名的農學家，寫成了一部綜合性農書《齊民要術》，是現存的第一部完整的農業科學著作，也是世界農學史上較早的專著之一。

《齊民要術》成書於北朝時的北魏末年，「齊民」指的是百姓，「要術」指的是謀生方法。書中系統性的總結了北魏之前中國北方的農業科學技術，對農作物的生產過程，從開墾、選種、播種、耕耘、收割到儲藏，都做了詳細記錄，對中國古代農學的發展產生了重大影響。

賈思勰，益都（今屬山東青州）人，世代務農，所以他對農業非常熟悉。他一生致力於農業的研究，每到一地都非常重視農業生產，認真考察和研究當地的農業生產技術，翻閱當地的農業文獻資料，收集俗諺、歌謠。他不辭辛苦，四處訪問有豐富經驗的老農夫，還親自種植農作物，因此獲得了不少農業方面的生產知識。在此基礎上，他撰寫了《齊民要術》一書。

賈思勰像

《齊民要術》由自序、雜說和正文三大部分組成。正文 10 卷，共 92 篇，合計 11 萬字，其中包括註釋，約 4 萬字。另外，書前還有自序、雜說各一篇，其中的自序廣泛列舉聖君賢相、有識之士等注重農業的事例，以及由於注重農業而取得的顯著成效。書中內容相當豐富，涉及的範圍也很廣。不僅總結了中國古代農民們長期積累的生產經驗，而且詳細介紹了農、林、牧、漁業的生產技術和方法，以及各種家禽、家畜、魚、蠶等的飼養和疾病防治方法，並且強調了農業生產一定要遵循自然規律，農作物的種植一定要因地而異，因時耕種。在書中，賈思勰還極力提倡要改進生產技術和農具，認為這樣農業才能大發展。因此，《齊民要術》對農業研究具有重大意義。直到北宋年間，還將這部書刻印成冊，發給各州縣，用以指導各地的農業生產。

《齊民要術》在世界農業科學發展史上都占有重要地位，此書在海外也有一定的影響力，賈思勰也因這部著作而名垂青史。

雕版印刷術

自從東漢蔡倫改進造紙術後，讀書的人漸漸多了起來，對書籍的需求量也大大增加，但是一般人要讀書也很不容易，因為當時的書都是手抄本。隨著經濟的發展，人們迫切需要印刷術的出現。

在雕版印刷術出現以前，人們已經掌握了印章和拓碑技術。印章有陽刻和陰刻兩種，陽刻的字都是凸起的，陰刻的字是凹進去的，但印章一般比較小，印出來的字數有限。拓碑一般使用的是陰刻，拓出來的字是黑底白字，也不夠醒目，而且拓碑的過程比較複雜，用來印製書籍也不方便。但是，拓碑有一個好處，那就是石碑面積比較大，一次可以拓印許多字，這反映了精湛而嫻熟的文字雕刻技藝。雖然印章和拓碑各有優缺點，但都不能推廣使用，在印章和拓碑的啟發下，最終發明了雕版印刷術。

雕版印刷成品版

據考證，雕版印刷術是在唐朝時期發明的。雕版印刷的具體方法就是：把木頭鋸成一塊塊的木板，先把要印的字寫在薄紙上，然後反貼在木板上，再用刀一筆一筆地雕刻成陽刻，使每個字的筆畫都凸出在木板上，即刻出的字都是凸起的反的字，木板上的字雕刻好以後，就可以印書了。印書的時候，先將一把刷子蘸上墨，在雕刻好字的木板上刷勻，接著，把白紙蓋在木板上，另外再拿一把乾淨的刷子在紙上輕輕刷一刷，然後將紙揭開，這樣一頁印品就印好了，接著再去印製另一頁。晾乾後，就可以把一頁一頁的印品裝訂成冊，一本印製的成品書也就大功告成了。因為這種印刷技術是先在木板上雕刻好成版的字再印刷的，所以叫雕版印刷術。印製一種書，只需要雕刻一次木板，就可以印製很多部，這是手寫遠遠不及的。宋朝時期，還有人用銅板雕刻，這說明當時也已經掌握了銅版印刷的技術。9 世紀，採用雕版印刷術印書已經相當普遍了，但是直到現在，保存下來的只有一部唐朝咸通九年（西元 868 年）刻印的《金剛經》。這部經捲上面刻有佛像和經文，卷尾落款是：「咸通九年四月十五日王玠為二親敬造普施。」這部《金剛經》是世界上現存最早的、標有確切日期的雕版印刷品，經卷中的圖畫也雕刻在一塊整版上，是世界上最早的版畫。

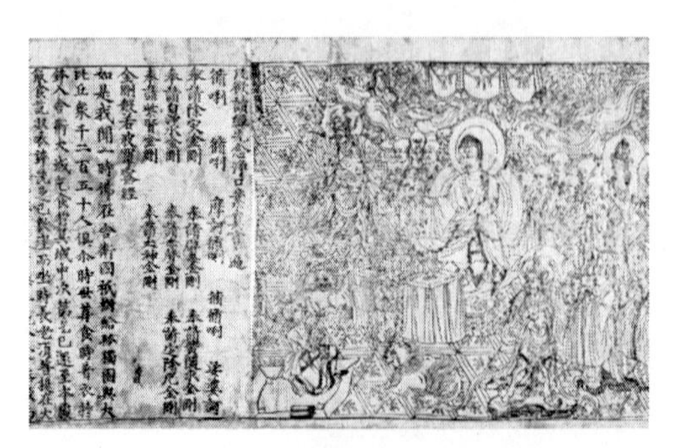

《金剛經》（部分）

雕版印刷術是中國的重要發明，也是世界現代印刷術的技術源頭，對人類文明的發展做出了突出貢獻。

火藥的發明

火藥是中國古代的四大發明之一，距今已有一千多年的歷史。它是本身能在適當的外界能量作用下，進行迅速而有規律燃燒的藥劑，同時也是能生成大量高溫燃氣的物質。火藥的起源與煉丹術有著密切的關係，是古代煉丹家發明的。從戰國末期至漢朝初期，帝王貴族們都沉醉在做神仙能長生不老的幻想中，常驅使一些方士與道士煉製「仙丹」，火藥就這樣在古代道士煉製丹藥時無意中被配製出來了。

魏晉南北朝時，道教盛行，道士們更希望透過修煉達到長生不老的效果，因而很多人都潛心煉製丹藥。其中有人將硫黃、硝石、木炭按照一定的比例混在一起來煉製仙藥，在煉製過程中發現硫黃、硝石、炭混合點火後會發生激烈的反應而燃燒起來，如果採取措施不及時的話，就會引起房屋著火。《太平廣記》記錄了這樣一個故事：隋朝初年，有一個叫杜春子的人去拜訪一位煉丹老人，當晚留宿住在老人那裡。半夜時分，杜春子夢中驚醒，忽然看見煉丹爐內有「紫煙穿屋上」，頓時屋子燃燒起來，這應該就是煉丹老人在配置易燃藥物時因為疏忽而引發的火災。人們發現硫黃、硝石、炭三種物質可以混合製成一種極易燃燒的藥，這種藥被稱為「著火的藥」，即火藥。由於火藥是在製丹配藥的過程中發明出來的，之後就一直被當作藥類來使用。明代的醫藥學家李時珍在《本草綱目》中就提到火藥能治瘡癬、殺蟲、辟溼氣、驅瘟疫等。

火藥發明出來後，一直不能解決王公貴族和道士們的長生不老問題，又容易著火，所以煉丹家對它並不感興趣。這樣火藥的配方就由煉丹家手裡轉到了軍事家手裡，火藥也成為中國古代四大發明之一。

《太平廣記》中故事

火藥剛發明出來時主要用於製作煙火，後來漸漸發展成為武器，唐朝末年開始用於軍事上。火藥在戰場上的出現，預示著軍事史上將發生一系列的變革，也標誌著古代戰爭從冷兵器階段向火器階段的過度。唐朝時期，戰場上出現了火炮、火藥箭等兵器。火炮是把火藥製成環狀，點燃引線後用拋石機擲出去，火藥箭是把火藥球綁於箭鏃之下，點燃引線後用弓弩射出。北宋時期，戰爭接連不斷，加速了火藥武器的發展，又出現了「霹靂炮」、「震天雷」等爆炸性較強的武器。這些武器以

鐵殼作為外殼，點燃後能使炮內的氣體壓力增大到一定程度再爆炸，所以威力強，殺傷力大。從利用火藥的燃燒性能到利用火藥的爆炸性能，這一轉化標誌著火藥使用成熟階段的到來。南宋時期，火藥廣泛用於軍事上，出現了管形火器。《宋史．兵志》中記載，士兵發明了突火槍，「以巨竹為筒，內安子窠，如燒放，焰絕然後子窠發出，如炮聲，遠聞百五十餘步」。突火槍是世界上最早的管形火器，到了元代，又出現銅火銃。這些武器都是以火藥爆炸為推動力的，它們的發明大大提高了火器發射的準確率。這些武器成為現代軍事武器的鼻祖。

火藥的發明推動了世界歷史的發展進程，恩格斯曾高度評價中國在火藥發明中的作用：「現在已經毫無疑義地證實了，火藥是從中國經過印度傳給阿拉伯人，又由阿拉伯人和火藥武器一道經過西班牙傳入歐洲。」火藥傳到歐洲，不僅推動了歐洲經濟、科學文化的發展，而且動搖了西歐的封建統治，使昔日靠冷兵器耀武揚威的騎士階層日漸衰落，加快了人類文明社會的到來。

活字印刷術的發明

和手工抄寫相比，雕版印刷大大提高了書籍的複製速度，又減少了輾轉傳抄中的錯誤，有力地推動了文化知識的傳播和發展。可是這種印製方法很快就顯露出了弊端：印製一種書籍，就要雕刻一次木版，費時費工又費料，還是無法迅速、大量地印刷書籍。如果要印刷一部 15 萬字的巨著，按照熟練刻工每天 50 個字計算，光刻版至少就要 8 年。假如在刻製版中刻錯一個字，那麼整張刻板就完全報廢了。如果一部書印過一次以後不再重印了，那麼先前雕刻好的版就完全沒用了。那有沒有什麼改進的辦法呢？

北宋時期，有個發明家叫畢昇，他為了能發明出一種既省時又方便的刻版方法，常常獨坐一處，苦思冥想。經過長期思考，反覆實踐，他終於發明了一種更先進的印刷方法 —— 活字印刷術。

畢昇在生活中時常注意觀察自己周圍的一些事物和現象。有一天，他看見自己的兩個兒子在玩「扮家家酒」的遊戲，用泥做成了鍋碗瓢盆、桌椅之類的東西，很開心地擺來擺去。他靈機一動，心想：為什麼不能用泥刻成單字，這樣不就可以隨意排版了嗎？

於是，畢昇就先用黏土製成一個個四方長柱體，在一面刻上單字，再用火燒硬，就變成了一個一個的陶活字了。排印的時候，先在準備好的一塊鐵板上面鋪上松香和蠟之類的東西，按照書中的字句和段落將一個一個的膠泥活字依次排好，然後在鐵板四周再裝上一個鐵框，排滿一鐵框為一版，接著用火在鐵板底下烤。等松香和蠟熔化了，再將一塊平板放在排好的活字上面，把字壓平，這樣一塊活字版就排好了，等它完全冷卻後，用刷子在字上塗上墨就可以印刷了。為了提高印刷的效率，畢昇把每個單字都刻好幾個，這樣可以同時排版，效率很高。遇到生僻字，就讓人臨時雕刻，用火一燒就成了，也非常方便。印完一版後，再把鐵板放在火上燒熱，使松香和蠟等熔化，陶字拆下還可以再用，所以叫活字。這就是世界上最早的活字印刷術。

泥活字版

對比活字印刷術與雕版印刷術，可以看出畢昇的創新突出在兩個「變」上：一是變死字為活字，二是變死版為活版，可反覆使用。宋太祖時由官方主持刻印的《大藏經》，用了 12 年的時間，刻製了 13 萬塊雕版，而印完後堆積如山的雕版根本派不上用場，造成了巨大浪費。如果當時用的是活字印刷術，這種情況就不會存在了，而且幾個月就能完成刻印任務。

據考古學家考證，西夏時期的木活字印刷品，是目前已知最早的活字印刷品；宋元時期，已經有了套色印刷技術；元朝時期，科學家王禎發明了轉輪排字盤。在排版時，只要轉動放活字的輪盤，就可以撿出要用的字了，大大降低了勞動強度，提高了排字速度。明清時期還出現了更堅固耐用的銅鉛鑄的金屬活字。

畢昇發明的活字印刷術既經濟又省時，大大促進了文化的傳播。活字印刷術後來陸續傳到世界各地：13 世紀傳到朝鮮半島和阿拉伯國家，15 世紀傳至歐洲，16 世紀傳到日本。活字印刷術是中國古代四大發明之一，是中華民族對世界文明發展做出的又一重大貢獻。

指南針的應用

指南針是用來判別方位的一種簡單儀器，是古人的一項偉大發明。指南針的前身就是司南。

早在戰國時期，就已經發現了磁石有指示南北的特性，因而製成了司南，這是世界上最早的指南儀器。《鬼谷子．謀篇》記載，鄭人外出采玉時帶了司南，以防止迷失方向。可見，司南的發明大大便利了人們的出行，為後來指南針的製作奠定了基礎。

漢朝的司南（模型）

司南的形狀和現在的指南針不太一樣，它的形狀很像我們現在用的勺子。把整塊天然磁石磨製成勺子的形狀，再把它的南極磨成長柄狀，勺頭底部是半球面，非常光滑。使用時，先把磁勺放在光滑的銅盤中間，用手轉動勺柄，等到磁勺停下來時，勺柄所指的方向就是南方，磁勺口指的方向則是北方。由於司南是用天然磁石磨製成的，磁性較弱，再加上轉動時與底盤會產生較大的摩擦力，因而指南效果較差，而且攜帶不方便，所以在當時並沒有得到廣泛應用。此後，人們經過長期的實踐，加深了對磁鐵性質的了解，北宋時期終於發明了極具實用價值的指南針，並開始用於航海事業。

沈括在《夢溪筆談．雜誌》中記錄了四種指南針的裝置方法，即水浮法、指甲旋定法、碗唇旋定法和縷懸法。水浮法是把磁針橫貫燈芯放在有水的碗裡，使它浮在水面上指示方向。指甲旋定法是把磁針放在手指甲蓋上，輕輕轉動，磁針就和司南一樣指示方向。碗唇旋定法是把磁針放在光滑的碗邊上，轉動磁針，便可以指南了。縷懸法是把一根磁針用單絲黏住，另一端懸在木架上，針下安放一個標有方位的圓盤，靜止時磁針便指示南北。這四種方法中，以縷懸法的靈敏度最高，它基本上確立了近代羅盤的構造。後來人們不斷探索，學會了把磁針固定在有刻度的方位盤裡，製成了羅盤針。

北宋時期，人們首先把指南針應用在航海事業上。南宋時期，已經完全使用羅盤針來導航了，指南針已成為船舶航行辨別方向的護身法寶，後來經常到中國進行貿易的阿拉伯商人和波斯商人，把指南針又傳到了歐洲，這對於海上交通運輸業的發展和經濟文化的交流，都起了巨大的推動作用。指南針的發明也為歐洲航海家的環球航行和探險創造了重要條件。

指南針的應用使人類可以全天候航行，將「原始航海時代推至終年」，由此指南針也被世人譽為「水上之友」。

世界上最早的自鳴鐘

自鳴鐘就是一種能按時自擊，報告時刻的鐘。關於自鳴鐘的說法有兩種，一種認為，世界上最早的機械鐘是在 1335 年，由義大利的米蘭人設計的，它沒有時針，只能靠打點來報時，還有一種說法認為，世界上第一臺真正能自動報時的機械自鳴鐘，是由中國元朝的大科學家郭守敬製造的大明殿燈漏。

大明殿燈漏是以漏壺流水為動力的大型水利自鳴鐘，這臺自鳴鐘安放在皇宮的大明殿內，形狀像宮燈，以水流為動力，類似於以前的漏刻，所以叫「大明殿燈漏」，也稱「七寶燈漏」。它是朝官上朝的報時器具。這是世界上第一臺大型水利自鳴鐘，比西洋鐘的出現早了 400 多年。據歷史文獻記載，這臺圓樽形的自鳴鐘高約 5.4 公尺，由附件和主體兩部分組成。上部是附件，在弓形的曲梁上有三顆雲珠，中間是地球，左邊是太陽，右邊是月亮。曲梁的兩邊裝有龍首，用龍首來保持轉木的平衡。中梁上有兩條騰龍和一顆雲珠，透過龍珠的起伏可以調節漏壺流水的速度，來適應四季晝夜交替的變化。下部是燈漏的主體，自上至下由四層組成，可讓人們從四個方位同時來觀看。第一層穹形頂層環繞布上有二十八星宿圖案，分別代表日、月、星辰的形象，每天能自左向右旋轉一週，象徵著太陽的東昇、西落。第二層是報時機構，分別把青龍、白虎、朱雀和玄武置於東、西、南、北四門之上，每到一刻時會依次轉出跳躍，同時還有鼓聲縈繞。第三層是顯示時間的機構，樽的圓盤上按地支十二個時辰站有 12 尊小木人，每人手抱時刻牌，每到一個時辰，輪流從四門出來報時，下方也站有一個小木人，會拿牌出來用手指擺放刻盤。這臺自鳴鐘就是透過這二者的默契配合來顯示時刻的，相當於現在鐘錶上的時針和分針。第四層是音響裝置機構，有鐘、鼓、鉦、鐃四種樂器，每扇門上或蹲或站有一個小木人，它一刻撞鐘，二刻擊鼓，三刻擊鉦，四刻敲鐃，準時報點，來告訴人們不同的時辰。當人們聽到不同的聲音響起，就會準確地知道時間到幾時幾刻了。除此之外，自鳴鐘底座的四周還有春蘭、夏荷、秋菊、冬梅四種花，用來表示一年有四季。

郭守敬發明的自鳴鐘，以奇妙、精準著稱。可惜的是如此巧奪天工的自鳴鐘在元末戰亂中失傳了。為了紀念郭守敬這位偉大的科學家、發明家，弘揚他的科學研究奉獻精神，2004年，在郭守敬的故鄉河北邢臺，人們根據《元史．天文志》等書中的詳實記載，成功複製了「大明殿燈漏」，向世人證明了郭守敬製造的機械自鳴鐘能準確報時的事實。

大明殿燈漏（複製圖）

神奇的被中香爐

被中香爐又稱「香熏球」、「臥褥香爐」、「熏球」，是中國古代盛香料熏衣被的球形小爐。你不要小看這種器具，它有著很獨特的地方，看後真是令人讚嘆不已。

它的球形外殼和位於中心的半球形爐體之間有兩層或三層同心圓環，它的奇巧之處就是，爐體在徑向兩端各有一個環形活軸的小盂，兩個活軸支承在內環的兩個徑向孔內，能自由轉動。同樣，內環支承在外環上，外環支承在球形外殼的內壁上。由於爐體重心在下，同心圓環形活軸又起著平衡的作用，這樣盛放在小盂中的香料、火炭，點燃以後放在被縟之中，那麼無論熏球在被子裡怎麼滾轉，爐口始終會保持水平狀態，不會傾翻，香火也不會傾灑出來燃燒衣被。令人驚奇的是，這種冬天取暖、熏香的「被中香爐」的構造原理，竟然與近代飛機上用以保持儀表平衡的陀螺儀中的萬向支架原理相似。正是有了萬向支架的支撐，才可以讓陀螺的轉軸指向任意方向。早在西漢時期就懂得用此原理創造生活，不得不感嘆古代先民的智慧。

被中香爐的設計最早記錄在西漢劉歆所撰寫的《西京雜記》中：漢武帝時，有一個名叫丁緩的能工巧匠製成了當時已經失傳已久的「被中香爐」。它整體高約 5 公分，是個圓球形的銅製爐子，外殼由兩個半球合成，殼上鏤刻著精美的花紋，花紋間留有空隙，主要是用來散髮香氣的。此外在爐子中間還裝有機環，目的是讓爐體保持平衡，無論它如何翻滾，火灰絕對不會傾溢出來，可以放置在床上的任何位置放心使用，所以稱之為「被中香爐」，也正因為它的製作精細、鏤刻雅緻、香豔驚人，所以香爐問世後便很快流行開來。到唐朝，還出現了銀熏球，由於價值昂貴些，只盛行於貴族的生活中。這種香球不僅可以放在被縟衣服中，而且可以掛在屋裡的帷帳上。由此可見「被中香爐」是中國古代的一種藝術珍品。

被中香爐

西方直到 1500 年，才有了類似的設計，是文藝復興時期義大利著名的畫家達文西完成的，比中國古代的發明晚了 1,600 年。到 16 世紀時，義大利人希．卡丹諾受中國古代香爐設計原理的啟發，製造了陀螺平衡儀，並首先把它應用於航海業上，這對世界航海業的發展起了巨大的推動作用。

第三章　醫學之花

針灸療法的創造與發明

針灸就是在中醫學中，採用針炙或火灸人體穴位的方法來治療疾病，它是中醫的特殊療法，是中國古代在醫學上一項偉大的發明創造，也是聯合國教科文組織認定的人類非物質文化遺產代表項目之一。

針法就是用金屬製的針來刺人體的相應穴位，再用搓捻、提插、留針等手法，調整人體氣血的運行。灸法就是把艾絨製成艾條，點燃後用於溫灼人體特定穴位的皮膚來治療疾病。人們常常把針法與灸法結合起來，按照經絡的穴位來使用，所以稱為針灸。

針灸療法最早記載在《黃帝內經》中：「藏寒生滿病，其治宜灸。」也就是說當時人們已經能用灸術來治病了。書中詳細記述了九針的形狀，還有大量的針灸理論與技術呈現。兩千多年來，針灸在中醫治療中一直占有重要地位，後來又傳播到世界各地，它的療效被許多國家的人們所認可。

其實，針灸療法早在新石器時代就產生了。原始社會時期，人們的生產、生活品質低下，常年居住在陰暗、潮溼的環境裡，因此人們的外傷不斷，風寒溼痺等疾病成為常見的病症，為了生存，人們就創編了舞蹈來預防這些常見病，後來，注意到如果用一些尖利的石塊來按摩身體的某些部位，或人為地刺破身體使之出血，疼痛感就會明顯減輕。於是古人就慢慢磨製出了一些比較精緻的、適合刺入身體某一部位以治療疾病的石器，這種石器就是古書上提到的最古老的醫療工具砭石。砭石在當時還常用於傷口的感染排膿，所以又被稱為「石針」。在《山海經》中就有關於石針的最早記載：「有石如玉，可以為針。」可見，砭石是後世刀針工具的前身，而灸法是在火被發現和使用之後出現的。在長期的生活實踐中，人們漸漸發現當身體某個病痛的部位經過火燒灼後，病情會慢慢好轉，所以古人就學會了進行局部熱熨來治療疾病。經過不斷的探究，古人發現灸治的最好材料，就是使用易燃而具有溫通經脈作用的艾葉，灸法也就和針灸一樣，成為防病治病的重要方法。

在古代，人們在醫治疾病的過程中，發現針灸療法具有獨特的優勢：操作方法簡便易行，適用的範圍比較廣，價格便宜，療效快而顯著。唐朝時期，中國的針灸技術就傳到了周邊的朝鮮半島和日本。從此，針灸開啟了迄今為止長達千餘年的全球化之旅，並在世界上 140 多個國家和地區開花結果。

針灸療法是中醫學的重要組成部分，也是最具特色的療法，蘊含著中華民族特有的文化精髓，也凝聚著強大生命力與創造力。

四診法的發明

「望、聞、問、切」四診法是戰國時期的名醫扁鵲發明的，他被後人譽為「脈學之宗」。四診法是中醫診病的基本方法，直到今天，這四種診病的方法在中醫界依然被推崇並廣泛使用，成為中醫大夫治病的法寶。

四診法是扁鵲根據前人的經驗和他自己多年的探索實踐，發明出來診斷疾病的四種基本方法。在長期的行醫過程中，扁鵲發現病人在得病後無論是體質還是心理都會發生變化。他認為診斷疾病不能急於求成，盲目治療，而要先透過望診，即觀察病人外表的神、色、形、態，以及各種排泄物等，來推斷病人所患疾病。扁鵲認為望診是對症下藥的第一要務，是診斷治療疾病的重中之重，所以把它列為四診之首。其次是聞診，就是透過嗅病人散發出來的體味、口臭等氣味，來斷定病人生病的具體情況。再次是問診，就是詳細詢問病人的感受，了解病人的症狀、疾病的發生和發展等情況。最後是切診，也叫脈診或觸診，就是用手指切按病人手腕處的寸口橈動脈處，透過病人脈搏的頻率、搏動的強度等，掌握病人的體表脈象，了解病人所患病症的內在變化，查看病情的輕重。有時醫生還會用手觸摸病人的體表病變部位，來察看病變部位的大小、硬軟等，以便更好地輔助診斷病症。扁鵲形象地把四診法稱為望色、聽聲、寫影和切脈。扁鵲還強調以上四種診斷疾病的方法不能單獨使用，要相互配合，才能準確診斷出疾病。現代中醫診斷也重點強調要「四診合參」，才能做出全面科學的診斷。

切診圖

扁鵲高超的診斷技術，從史書中記載的一些治病案例中充分體現出來。據《史記 · 扁鵲倉公列傳》記載：扁鵲拜見蔡桓公時，透過望診判斷出蔡桓公患上了疾病，病情很輕，病症只不過在體表紋理的部位。於是他就勸說蔡桓公接受治療，如果不及時治療，病情將會加重。當時的蔡桓公沒有任何感覺，他認為醫生就喜歡給沒病的人治病，把治病作為自己的功勞！所以他拒絕了治療。過了 10 天，扁鵲再次拜見蔡桓公時，還是透過望診判定蔡桓公的病情有所發展，已深入到皮膚和肌肉裡了，於是再次勸說蔡桓公接受治療，不然病情會發展更快。此時的蔡桓公心中很不高興，認為扁鵲是在有意炫耀自己的醫術，騙取錢財，斷然拒絕治療。又過了 10 天，當扁鵲第三次拜見蔡桓公時，認為他的病情已惡化到了腸胃，還是苦口婆心地勸說蔡桓公要及時治療，否則將難以治癒。此時的蔡桓公勃然大怒，認為扁鵲瘋了，更是不予理睬。10 天後，當扁鵲第四次拜見蔡桓公時，透過望診，斷定蔡桓公的病情已發展到骨髓深處，根本無法救治了。這一次扁鵲什麼也沒說，轉身就走。蔡桓公很納悶，特意派人去問他緣由。扁鵲說：「在皮膚紋理間的病，用熱水敷就可以緩解了；在肌膚裡的病，用針灸就可以治療；在腸胃裡的病，可以用湯藥治癒；而在骨髓裡的病，靠醫藥是無法救治的。現在蔡桓公的病已深入骨髓，所以我不能再過問了。」果然不出所料，5 天後，蔡桓公的身體開始疼痛，急忙派人去尋找扁鵲，可是扁鵲早已逃到秦國去了，蔡桓公最終因病不治而亡。此病例說明扁鵲醫術相當精湛。

又據《史記．扁鵲倉公列傳》記載：有一次扁鵲在晉國行醫，恰巧趙簡子患上了重病，當地醫生無能為力，導致趙簡子昏迷 5 天，病情十分危急。扁鵲聽說此事後，並沒有避而遠之，而是主動請纓前來救治趙簡子。扁鵲先透過切脈，摸到趙簡子的心臟並沒有停止跳動，這讓他喜出望外。於是他趕緊詢問趙簡子的家人，了解到當時晉國的政治局勢一片混亂，趙簡子為此晝夜操勞，扁鵲斷定趙簡子是因為過度疲勞而暫時昏厥，並沒有生命危險。然後他根據自己的判斷，開出了藥方。當時趙簡子的家人還半信半疑。經過 3 天的精心治療，趙簡子的病竟奇蹟般好了。這足以說明，扁鵲的四診法是科學的、行之有效

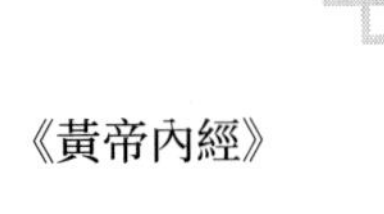

的，而且扁鵲對四診法也是非常精通的。

古代中醫學認為，人體的各種臟腑器官在生理和病理上是相互聯繫、相互影響的，中醫可以透過四診法，觀察患者外在的病理表現，揣測內在臟腑的病變情況，從而由表及裡做出正確的診斷，這也說明四診法有著深厚的科學基礎。四診法自創立以來，得到了不斷的發展和完善，成為中醫文化的瑰寶。

《黃帝內經》

《黃帝內經》又稱《內經》，是現存最早的中醫典籍，居於中國傳統醫學四大經典著作之首，此書相傳是黃帝所作，所以稱為《黃帝內經》。根據《漢書 ． 藝文志》記載，《黃帝內經》實際上成型於西漢，其作者並非一人，而是在長期流傳過程中，經許多醫家之手編撰成的。此書以「黃帝」來冠名，就是為了說明中國古代醫藥文化起源甚早。

《黃帝內經》在黃老道家理論基礎上建立起中醫學上的「陰陽五行學說」、「藏象學說」、「病因學說」、「養生學說」、「藥物治療學說」、「經絡治療學說」等，是影響中醫最大的醫學著作之一，被稱為「醫之始祖」。《黃帝內經》是由《素問》和《靈樞經》兩部分組成的。其中《素問》共 81 篇，論述的內容十分豐富，主要包括臟腑、經絡、病因、病機、病症、診法、養生防病、運氣學說、治療原則以及針灸按摩等中醫學內容。《靈樞經》共 81 篇，是《素問》的姊妹篇，內容與之大體相同。除了論述臟腑功能、人體生理、病因、病機、病理、診斷、治療等內容之外，還詳實地闡述了經絡腧穴理論和針具、刺法及治療原則等，為後世針灸學的發展奠定了堅實的基礎。

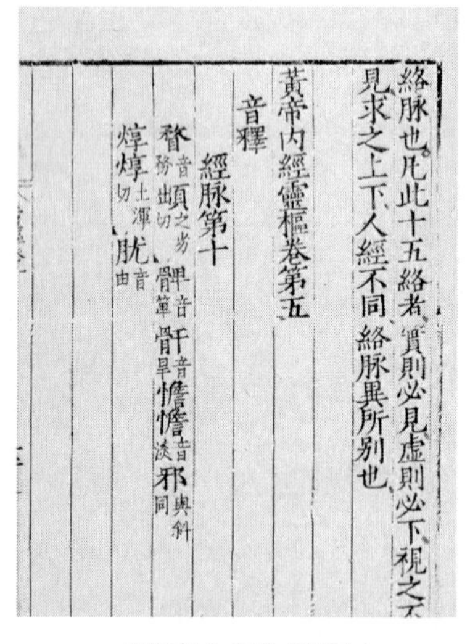
絡脈也。凡此十五絡者，實則必見，虛則必下，視之不
見，求之上下，人經不同，絡脈異所別也。
黃帝內經靈樞卷第五
音釋
經脈第十
瞀音務 䪼之劣切 髀音畢 骭音旱 憺音淡 邪與斜同
焞土渾切 肬音由

《黃帝內經》節選

《黃帝內經》全面總結了秦漢以前的醫學成就，不僅從宏觀上論證了人的生命規律，而且還創建了相應的醫學理論體系和防治疾病的原則和技術，蘊含著醫學、哲學、政治、天文等多個學科的豐富知識，是一部圍繞生命問題而展開綜合論述的百科全書。此書充滿古代樸素唯物辯證法思想的智慧火花，收錄了古代醫書上的大量解剖學知識，提出了許多重要的理論原則

和學術觀點。這是中醫學由經驗醫學上升為理論醫學的重要標誌，為後世中國醫學的發展奠定了基礎，並提供了理論指導。正是由於《黃帝內經》的理論都是在長期的大量實踐中總結出來的，又不斷在實踐中得到發展和昇華，因此，歷代醫家都非常重視對《黃帝內經》的學習與研究。

《黃帝內經》所確立的獨特養生防病視角，對於現代中醫臨床仍然具有非常重要的指導意義，因此被後世奉為「經典醫籍」，為中醫學者的必讀之書。

神奇的麻沸散

華佗是東漢時期的名醫，他最早發明了麻醉藥，當時名叫麻沸散。

在《後漢書．華佗傳》中有這樣的記載：「若疾發結於內，針藥所不能及者，乃令先以酒服麻沸散，既醉無所覺，因刳（ㄎㄨ，剖開）破腹背，抽割積聚（腫塊）。若在腸胃，則斷截湔（ㄐㄧㄢ，洗滌）洗，除去疾穢（病變汙穢的部位），既而縫合，傅（敷）以神膏，四五日創愈，一月之間皆平復。」意思就是說，病人體內發生了針藥都不能解除的病症，華佗就讓他先用酒沖服麻沸散，等到藥力發作時，病人就會漸漸失去知覺。在病人昏睡時，華佗就剖開病人的病變部位，取出淤積的腫塊。如果病在腸胃內，華佗就用鋒利的刀子將病人腹部剖開，剪掉有病變的地方，消毒清洗乾淨後，放回原位縫合好，然後再敷上藥膏，快則一週，慢則一個月，病人就恢復了健康。這是醫學史上的創舉，是華佗為人類醫學做出的重大貢獻之一。那麼，華佗是如何做出這一偉大發明的呢？

東漢末年，戰火紛飛，再加上天災人禍，許多士兵和老百姓受傷或得病。當時華佗已經是很有名氣的外科醫生，於是他們紛紛前來請他醫治。

有些人的傷病非常嚴重，華佗為保住他們的性命，不得不進行手術。可是，那時沒有麻醉藥，每次進行大手術時，病人因忍受不了痛苦，難免叫喊，甚至暈厥過去！華佗為了減輕病人的痛苦，不停地做著試驗，但每次總是收效甚微，這就更激發了他探索下去的決心。

有一次，華佗為一位病人做手術，前後忙活了幾個時辰，終於把病人從死亡線上拉了回來。手術後，筋疲力盡的華佗空腹多飲了幾杯，一下子酩酊大醉，不省人事了。他的妻子當時很害怕，就用扎銀針的辦法進行搶救，可是華佗仍沒有什麼反應，好像失去了知覺似的。他的妻子更著急了，便去摸華佗的脈搏和心跳，發現一切正常，這才放了心。過了兩個時辰，華佗醒過來後，其妻就把他喝醉後的經過講了一遍，華佗聽了很驚奇，這也激發了他的靈感——酒有讓人麻醉的作用。之後，

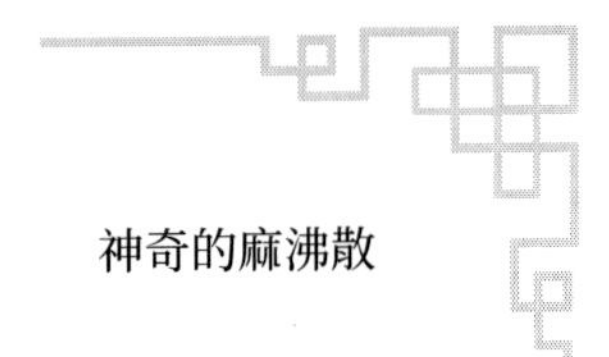

華佗再給病人動手術前，總叫病人先喝些酒來減輕痛苦，可是後來他又發現，有的重病患者，手術需要很長時間，有時患者酒醒之後還是疼痛難忍。看來只用酒來麻醉患者還是不能解決問題，這讓華佗又陷入沉思中。

又有一次，華佗在行醫時，碰到一位奇怪的病人：那人躺在地上牙關緊閉，翻著白眼，口吐白沫，一動不動。讓華佗百思不得其解的是，他的脈搏和體溫都正常，病人到底患上了什麼病呢？華佗急忙詢問他的病情，病人的家屬說：「他的身體一向很健壯，可能是今天他誤吃了幾朵臭麻子花，才弄成這樣的。」華佗拿過臭麻子花聞了聞，氣味有點怪，放在嘴裡嚼了嚼，頓時覺得頭暈眼花，站立不穩。華佗感嘆道：「好大的毒性呀！」同時，他也意識到這種花具有麻醉的作用。於是，華佗把病人救過來後，就找來很多臭麻子花，反覆研製麻醉藥。為確保療效，他進行了無數次試驗，甚至不惜以身試藥，皇天不負有心人，麻醉藥終於試製成功了！後來在不斷的實踐中，華佗又發現，如果把研製出的麻醉藥和熱酒配合使用，麻醉的效果會更好。因此，華佗就給它取名「麻沸散」。

麻沸散是外科手術史上一項具有劃時代意義的貢獻，得到了國際醫學界的認可，對後世產生了深遠的影響。直到 19 世紀中葉，歐洲才用麻醉藥來為病人做手術。

張仲景和《傷寒雜病論》

張仲景是東漢時期的名醫，被後人尊為「醫聖」。他著的《傷寒雜病論》一書，乃是世界醫學史上的經典名著。

張仲景像

張仲景出生在一個沒落的官宦家庭裡。他天資聰穎，篤實好學，從小就飽讀了大量的書籍，從書中找到了無限的樂趣，並且愛上了醫學。從此他發奮研究醫學，立志成為救死扶傷的一代名醫。

據史料記載，張仲景當過長沙太守。當時正值疾病流行，為了幫助百姓解除病痛，他在大堂上為民眾置案診病，這就是醫生「坐堂」之稱的由來，也是中醫藥店多稱「堂」的原因。還有一個傳說：有一年冬天特別冷，很多窮苦百姓忍饑受寒，耳朵都凍壞了，於是張仲景就叫弟子在南陽東關的一塊空地上搭起醫棚，架起大鍋，向窮人捨藥治傷。羊肉是祛寒滋補的絕好材料，為配合藥物達到最佳效果，張仲景就把羊肉和一些祛寒藥材切碎，用麵皮包成耳朵狀的「嬌耳」，煮熟後分給病人吃。在張仲景的幫助下，老百姓從冬至到除夕連續吃了一段時間的「嬌耳」，耳疾就漸漸治好了。大年初一，人們為慶祝耳疾康復，感恩張仲景，就仿照「嬌耳」的樣子做成過年吃的食物來慶祝。這就是餃子的來歷。

東漢末年，戰亂頻繁，民不聊生，再加上傷寒、瘟疫肆虐，很多人死於非命。這更堅定了張仲景棄官從醫的決心。他師從當時醫術很高的張伯祖，因他聰慧好學，又勤於鑽研，張伯祖就把自己的醫術毫無保留地傳給了他，得到名師的真傳，張仲景的醫術從此名震一方。在他成名之後，仍是好學不倦，刻苦攻讀了《黃帝內經》等很多古代的醫書，勤求古訓，博采眾方，甚至民間藥方他都收集，然後一一加以研究，透過自己的實踐來求證藥方的真實性。張仲景凝聚畢生心血，收集整理了大量治療傷寒的藥方，並結合自己的實踐經驗，終於創造性地著成了《傷寒雜病論》。

《傷寒雜病論》經晉代名醫王叔和等整理，分成《傷寒論》

和《金匱要略》兩部。《傷寒論》共22篇，把霍亂、痢疾、流行性感冒等急性傳染病列為傷寒諸症，然後因病施治。此書奠定了中醫治療學的基礎。《金匱要略》共25篇，彙集了各種雜病醫方，論述了內科、外科、婦產科等各科40多種疾病，記載了數百個藥方。書裡還論述了疾病發生的各種原因，主張早期防治，並創造性提出了「治未病」理論，提倡要預防疾病。

《傷寒雜病論》是中國最早的一部結合理論與實踐的臨床診療專著，被公認為中醫書籍的鼻祖。

起源於中國的人痘接種術

天花又名痘瘡，是一種傳染性較強的急性發疹性疾病。在古代天花患者死亡率非常高，即使保住性命，也會在臉上留下疤痕，嚴重損壞容貌。天花的流行和氾濫，激發了古代醫學家的靈感和智慧，最終發明了人痘接種術。人痘接種術的發明，同「四大發明」一樣，也是對人類的偉大貢獻之一。醫學專家的研究證明，人痘接種術最早起源於中國。

天花大約是在漢代傳入中國，長期以來，人們一直沒有找到有效的防治措施。在與這種猖獗的傳染病抗爭的過程中，長期的觀察發現，如果一個人曾得過天花，那麼他在很長時間內不會再得此病，甚至可能終生不再得這種病，即使再得了此病，症狀多半也比較輕，所以治癒這種病就可以用「以毒攻毒」的方法。也就是說，如果事先給一個人接種一種致病物質，他就有可能對這種疾病產生免疫力，於是人痘接種術誕生了。晉代著名的藥學家葛洪曾在他著的《肘後備急方》一書中對天花及其具體的治療方法做了記載，這是世界上最早的關於天花的記載。

中國古代人民發明的人痘接種法，根據有關資料記載，主要有以下四種：第一種是「痘衣法」，這種方法就是把得過天花的患兒曾穿過的貼身內衣，給未出過痘的健康小孩穿上兩三天，目的就是讓被接種者傳染上天花。被接種者一般在穿衣之後 9 ～ 11 天時開始發熱，出痘症狀較緩，不至於發生生命危險，這說明種痘成功，但此法成功率較低。第二種方法是「痘漿法」，這種方法就是採集天花患兒身上膿瘡痘的漿液，然後用棉花蘸上一點，直接塞入被接種者的鼻孔內，使其被傳染而引起發痘，達到預防接種的目的，因當時大多數人不願接受這種方法，所以此法在古代用得也很少。第三種方法是「旱苗法」，這種方法就是把天花患者脫落的痘痂放在一起，研磨成細末狀，送入被接種者的鼻孔，以達到種痘預防天花的目的，被接種者一般到第 7 天的時候就開始發熱，這說明種痘已成功。這種方法因為在往鼻孔內吹入粉末時，刺激鼻黏膜而導致鼻涕增多，會減弱痘苗的功效，後來也不常使用了。第四種方法，就是和

「旱苗法」有異曲同工之妙的「水苗法」。這種人痘接種法就是把 20 ～ 30 粒痘痂研成細末，然後用淨水或人乳調勻，用新棉花包起來塞入被接種者的鼻孔內，12 小時後取出。被接種者通常在第 7 天時發熱見痘，這就表示種痘成功了。用這種辦法進行人痘接種，相對更安全，可有效達到預防天花的目的，因此，「水苗法」就成為當時人痘接種效果最好的一種。

上述四種方法中，雖然「旱苗法」和「水苗法」比「痘衣法」、「痘漿法」有所改進，但仍然是靠人工方法來感染天花，所使用的也都是人身上自然發出的天花的痂，所以這種「時苗」的毒性仍很大，有一定的危險性。後來人們在長期的實踐中又發現，如果用接種多次的痘痂作為疫苗，那麼毒性就會減弱，接種後會比較安全。此種方法在清代的《種痘心法》中就有記載：「其苗傳種愈久，則藥力之提拔愈清，人工之選煉愈熟，火毒汰盡，精氣獨存，所以萬全而無害也。」由此可見，當時人們對人痘苗的選育方法，與今天用於預防結核病的「卡介苗」定向減毒選育，讓菌株毒性汰盡，抗原性獨存的方法，是完全一致的，符合現代製備疫苗的科學原理。發明人痘接種，這是對人工特異性免疫法的一項重大貢獻，也是對世界醫學的一大貢獻。

人痘接種法，是人類免疫學的先驅。從清朝康熙二十七年（西元 1688 年）開始，這種技術先後傳播到俄羅斯、朝鮮半島、日本、阿拉伯和歐洲、非洲等地。受到中國人痘接種法的啟發，在 1796 年時，英國人愛德華．詹納又發明了牛痘接種法。因為牛痘比人痘更加安全，所以此方法在全世界得到更快的傳播，並於 1805 年又傳入中國，從此牛痘逐步代替了人痘，種痘技術得到了改進。1979 年 10 月 26 日，世界衛生組織宣布全球消滅天花。對此，人痘接種法有其不可磨滅的歷史功績。

孫思邈與《千金方》

孫思邈是唐代著名的醫學家和藥物學家，他寫了一部醫藥學巨著《千金方》，書中收錄了唐代以前的醫學成就，內容豐富，是中醫學發展史上承前啟後的偉大著作。

孫思邈自幼體弱多病，歷盡疾病折磨之苦，甚至有一次大病使他奄奄一息，多虧一位採藥人使用偏方救治，他才得以活命。為了求醫問藥，家中幾乎花盡積蓄。於是他便立志學醫，要拯救自己和窮苦人脫離病痛苦海。他自幼聰明過人，刻苦好學，7 歲時就有「聖童」之稱，20 歲時就精通老莊之學，探索養生術，在醫學上也負有盛名。隋文帝、唐太宗、唐高宗曾先後請孫思邈做官，均被他謝絕。他最終選擇了「濟世活人」的事業，堅持行醫，為民治病。他主張行醫不要貪求財物，對病者要有愛護之心，無論貧富貴賤，都一視同仁。為提高自己的醫術，他曾長期隱居在太白山裡研究道家經典，博覽眾家醫書，研究古人的醫藥方劑。為了解中草藥的特性，他不辭辛苦，歷經磨難，走遍了深山老林，並以身試藥，多次差點丟了性命。為完成自己的心願，他始終堅持著。他還十分重視民間的醫療經驗，遍訪名醫，及時記錄藥性和藥方。孫思邈在醫療實踐過程中，深感當時的方藥本草書籍太多，查找不易，就決定博採群經，刪繁就簡。經過長期堅持不懈地鑽研累積和行醫實踐，他終於完成了不朽的醫學著作《備急千金要方》。

孫思邈像

《備急千金要方》又稱《千金方》。孫思邈認為人生命的價值貴於千金，而一個處方就能救人的性命，所以取「千金」為書名。全書共 30 卷，內容非常豐富。孫思邈十分重視醫德，所以把《論大醫習業》、《論大醫精誠》列為書中的前兩篇，這是中醫倫理學的基礎。《千金方》是一部科學價值較高的綜合性醫療著作。書中記載了 800 多種藥物和 5,000 多個藥方，其內容涉及藥物學、養生、食療、內科、傳染病、外科、骨傷科、婦產科、小兒科、五官科等，並列舉了一些醫方，作為養生、臨床處方治療時的參考。其中很多方劑，至今仍在沿用。在長期的行醫實踐中，孫思邈感覺到《千金方》不夠完善，又寫成了另一部醫學巨著《千金翼方》，這是對《千金方》內容的補充和完善，對傷寒、中風、雜病和瘡瘍做了十分詳細的論述。孫思邈的這兩部書，是對唐代以前中國醫學的集大成，在中國古代醫學發展史上占有非常重要的地位，對後世醫學發展產生了重大的影響。

孫思邈還十分重視婦幼的保健、護理。在書中有《婦人方》3 卷、《少小嬰孺方》2 卷，為中國古代婦科、兒科的獨立和發展做出了貢獻。由於孫思邈在中醫、中藥方面的巨大貢獻，所以後世尊稱他為「藥王」，並把他常去採藥的山（位於今陝西耀州東部）稱為「藥王山」，許多地方也都有紀念他的廟宇祠堂，人稱「藥王廟」。

孫思邈以自己的聰明才智和畢生的精力譜寫了中醫學史上的光輝篇章，成為醫學史發展長河中的一顆璀璨奪目的明珠，千百年來一直受到人們的高度讚譽。

李時珍與《本草綱目》

中國古代醫學源遠流長，有很多流傳千古曠世之作，《本草綱目》就是其中之一。此書的作者是明代卓越的醫藥學家李時珍。

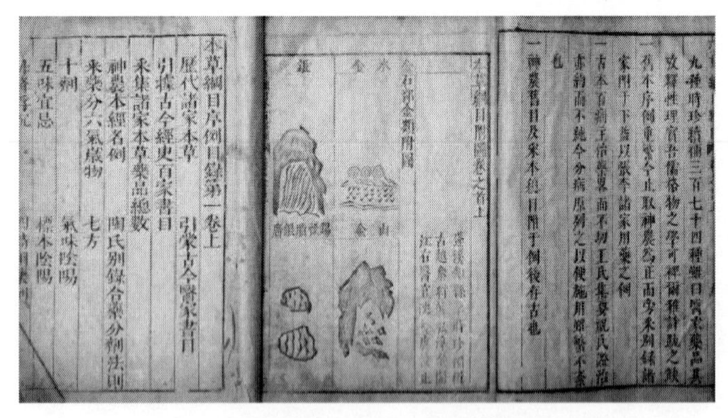

本草綱目序例目錄第一卷上
歷代諸家本草
引據古今經史百家書目
采集諸家本草藥品總數
神農本經名例
采藥分六氣歲物
十劑
五味宜忌

《本草綱目》內容節選

李時珍出身於醫學世家，很小就對醫藥學產生了濃厚的興趣。他 14 歲時就考中秀才，後來參加舉人考試失利，決心專攻醫學。從此，李時珍埋頭鑽研了大量的古代醫藥學書籍和經史子集，這使他的醫術大有進步，名聲遠揚。他一面行醫，一面收集大量的醫學資料，並寫下了大量的讀書札記。在長期的行醫實踐中，他發現古代的藥物學著作不但分類雜亂，而且有不少錯誤，漏載的藥物也很多，因此他決心編寫一部比較完善的藥物學著作。為編好這本書，他開始到全國各地實地考察，廣

泛採集藥物標本，向有實際經驗的藥農虛心請教，收集民間藥方，積累了大量的資料和經驗。他把所掌握的藥方療效和各種藥材的性能，不斷用於臨床試驗，逐一驗證療效的真實性。李時珍還不惜以自己的生命為代價，親自嘗試藥性。有一次，他在鄉間行醫時聽說曼陀羅花用酒吞服，就會使人麻醉，於是他不畏高山險阻，登上武當山，從懸崖峭壁上採回了這種花，然後親自嘗試，最終證明了它確實有麻醉的功效。還有一次他聽說太和山（又名武當山）上的榔梅果被道士們說成是長生不老的仙果，每年採摘後專門進貢皇帝，嚴禁百姓採摘，否則就要治罪。李時珍認為這是無稽之談，又沒證據，就冒著生命危險，偷偷摘來一顆品嘗，想看看它到底有什麼功效，結果他發現這榔梅果和其他的果實並沒有什麼大的區別，只有生津止渴之功效罷了。

李時珍經過 27 年的潛心研究，參閱了 800 多種醫藥著作，三易其稿，終於在晚年寫成了一部總結性的藥物學巨著《本草綱目》。這部書內容豐富，考訂詳實，共有 190 多萬字，收入藥物 1,800 多種，醫方 10,000 多個，還附有大量的插圖。《本草綱目》按照動物、植物、礦物等比較科學的分類法分類，打破了明代以前傳統的藥物學三品分類法，把中藥分類學向前推進了一步，他所創造的這種科學的分類法，比西方早了 150 多年。

《本草綱目》這部書當時並未受到朝廷的重視，但發行後廣泛流行，後來還被翻譯成多國文字傳到國外，成為世界醫藥學的重要文獻。西方醫學界把這部書稱為「東方醫學巨典」，給予它高度評價。

第四章　天文曆法之奇

農曆的來歷

農曆為傳統曆法，這種曆法相傳創始於夏代，所以又稱夏曆。

我們通常也把農曆說成陰曆，其實農曆屬於一種陰陽曆，它用嚴格的朔望週期來定月，又用設置閏月的辦法平均年的長度，規定為一個回歸年，即地球繞太陽的週期，是 365.2422 天。陰曆的一日，是地球繞太陽自轉一週的時間。農曆把日月合朔（太陽和月亮的黃經相等）的日期作為月首，即初一。陰曆的一月，就是以月亮的圓缺為標準，把月亮圓缺一次的時間定為一個月，朔望月的平均長度約為 29.53059 日。為彌補計算時間時的不便，大月定為 30 天，小月是 29 天，大小月隔月循環使用。農曆把 12 個月作為一年，共有 354 天或 355 天，與回歸年相差 11 天。如果這樣一年一年地相差下去，今年的春節是在冬天，那麼 16 年後就會變成夏天過春節了，為解決這個問題，於是就在 19 年裡設置了 7 個閏月來協調，這樣兩者就相差不多了，月份和季節也可以保持大體一致，這就是陰曆設置閏月的原因。而閏月的設置是由二十四節氣決定的，二十四節氣主要是用來反映季節（太陽直射點的週年運動）的變化特徵，所以又有了太陽曆，即陽曆。農曆我們現在仍然在使用，主要用來推算傳統的節日，如春節、中秋節、端午節等，現在還有很多地方的人們過生日也在使用農曆。

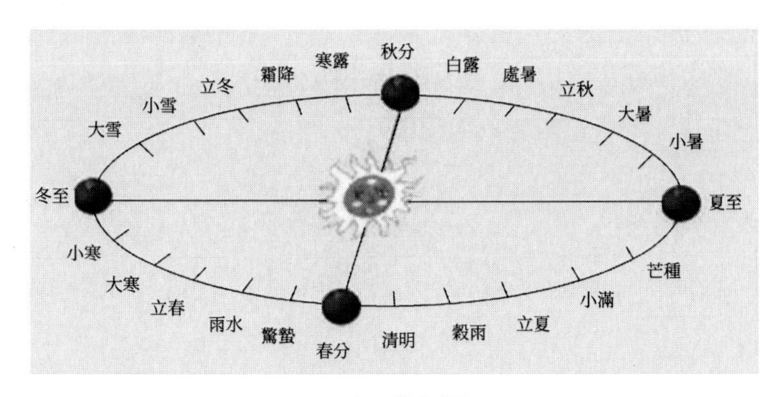

二十四節氣圖

在夏曆中還有個非常重要的組成部分，就是節氣。節氣是和地球繞太陽運動軌道的位置密切相關的。節氣從立春開始，一個太陽年是兩個立春之間的時間，約 365.2422 天，根據太陽的位置，把一個太陽年分成二十四個節氣，主要是安排農業種植等活動的，對於農業生產有著重要的指導意義。

由此可見，陰曆的「年、月、日」不僅僅是一個數字紀錄，而且客觀地反映了太陽、月亮和地球之間的相互作用關係。夏曆既符合了月（朔望月），又符合了年（回歸年），可以說是人類歷史上最科學的曆法之一。

《甘石星經》

在戰國時期，楚人甘德、魏人石申各寫過一部天文學著作，對天象做了大量的觀測記錄，後人把這兩部著作合二為一，稱為《甘石星經》。這不僅是中國古代最早的天文學專著，也是世界上現存最早的天文學著作。

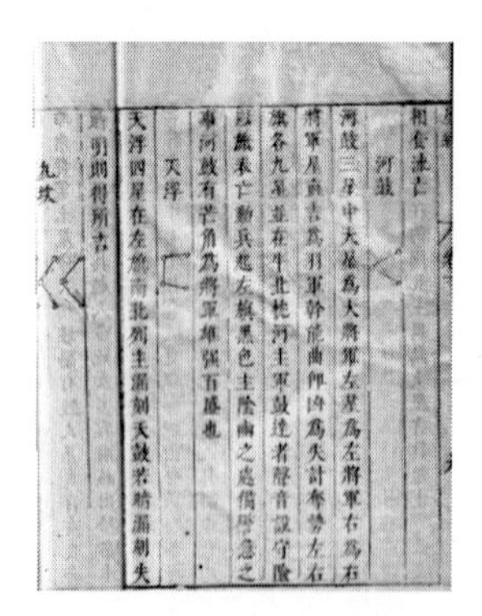

河鼓

天桴

天桴四星在左旗南北列主漏刻天鼓[illegible]漏刻失

《甘石星經》內容節選

春秋戰國時期在天文學方面取得了輝煌的成就，湧現出一大批天文學專著和關於天文觀測的紀錄，其中最著名的就是楚國天文學家甘德所著的《天文星占》8 卷，以及魏國天文學家石申所著的《天文》8 卷。這兩部著作一開始都是獨自刊行，後來人們才將這兩部著作合二為一，定名為《甘石星經》。書中詳細地記載了系統觀察到的金、木、水、火、土五大行星的運行情況以及它們的出沒規律，記錄了 800 多個恆星的名字，其中測定了 121 顆恆星的方位，並劃分其星官。後人還把甘德和石申測定恆星的紀錄稱為《甘石星表》，這也是世界上最早的恆星表。另外，書中還科學描述了日食、月食出現的原理。後人為紀念石申的發現，還用他的名字命名了月球上的一座環形山。

可惜的是《甘石星經》在宋代就失傳了，現在只能在唐代的天文學書籍《開元占經》裡看到它的一些片段摘錄，在南宋晁公武寫的《郡齋讀書志》書目中找到它的梗概。《甘石星經》在世界天文學史上都占有重要地位，對後世天文學的發展起了巨大的推動作用。

二十四節氣

春雨驚春清穀天，夏滿芒夏暑相連，
秋處露秋寒霜降，冬雪雪冬小大寒。
上半年是六廿一，下半年來八廿三，
每月兩節日期定，最多相差一二天。

這是大家耳熟能詳的《二十四節氣歌》。早在戰國時期，人們就測定出一年有二十四個節氣。二十四節氣主要是為了便於安排農業生產而訂立的一種補充曆法，是古人長期生產經驗的積累和智慧的結晶。這是中國曆法史上的重大成就。

二十四節氣是古人長期對天文、氣象、物候進行觀察、探索、總結的結果，對農事具有相當重要和深遠的影響。早在春秋時期，人們就已經有春夏秋冬四季的觀念了，還出現了用「土圭」（古人用來測量日影的儀器）測日影的辦法，測定出了春分、夏至、秋分、冬至四個節氣。到了戰國時期，魏人石申編制了一張包括二十八星宿和金木水火土五大行星運行關係的星圖表，這是全世界第一張星圖表，標誌著中國的天文學進入一個新時代。在這一時期，天文學家又確立了二十四節氣，並有完整的關於二十四節氣的記載，名稱基本上與現在一致，後來又根據季節的具體變化，將節氣的次序做了調整，到戰國末期，二十四節氣的順序已與今天完全相同了。

所謂的二十四節氣，就是根據地球在繞太陽公轉軌道上的位置劃分的，也是氣候冷暖的反映。太陽從黃經零度出發，每運行 15 度走的天數稱為「一個節氣」，每年運行 360 度，即運行一週，要經歷 24 個節氣，每月有 2 個節氣。其中，每月第一個節氣為「節氣」，即立春、驚蟄、清明、立夏、芒種、小暑、立秋、白露、寒露、立冬、大雪和小寒等 12 個節氣。每月的第二個節氣為「中氣」，即雨水、春分、穀雨、小滿、夏至、大暑、處暑、秋分、霜降、小雪、冬至和大寒等 12 個節氣。「節氣」和「中氣」交替出現，每個節氣約間隔半個月的時間，分列在十二個月裡面。現在人們把「節氣」和「中氣」統稱為「節氣」，所謂「氣」就是氣象、氣候的意思。

只要掌握了二十四節氣，人們就便於安排農事活動和有關季節氣候的生活。自從西漢起，二十四節氣歷代沿用，指導農業生產不違農時，適時播種和收穫等農事活動，直至現在仍農民的重視，也推進了農業的發展。

圭表的用途

圭表是中國古代發明的度量日影長度的一種天文儀器。它由垂直的「表」和水平的「圭」兩部分組成。表就是垂直立於平地上測日影的標竿，圭就是正南正北方向平放的測定表影長度的測影尺。

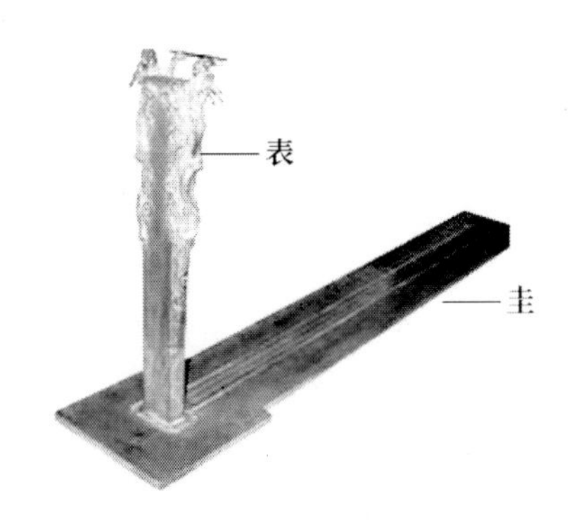

圭表圖

據考證，商周時期，人們在生活中就觀察到房屋、樹木、石柱等物體在太陽光的照射下會投出影子，而且這些影子的變化是有一定規律可遵循的，於是人們便在陽光下的平地上豎立一根桿子或柱子，來觀察其影子的變化情況，然後測量不同影子的長度和方向。經過長期的觀測比較，得出一天中表影在正午最短，在日出或日落時最長，由此就可以推算出時辰了。不僅如此，在長期的觀測中，他們還發現一年內夏至的正午，烈日高照，表影最短，冬至的正午，太陽斜射，表影最長，以及正午時的表影總是投向正北方向，於是就把石板製成的測影尺平鋪在地面上，與立表垂直，尺子的一頭連著標竿，另一頭則伸向正北方向，這把測影尺就是圭。當太陽照著表的時候，圭上就會出現表的影子，根據影子的方向和長度，就能讀出時間了。由於圭為南北方向，當太陽自東向西運行時，只有正午時分，表的影子才會正好投射到圭上。再就是，當地球公轉時，由於北半球陽光直射點的南北移動，同一地點得到的每天正午的表影長度都不一樣。那麼根據表影長度的變化規律，就可以確定一年的長度和二十四節氣了。使用圭表測量連續兩次日影最長和最短之間所經歷的時間，就可以計算出回歸年的長度，早在春秋時代，人們就已經知道一年有 365 天。

圭表作為一種最古老最樸實的天文儀器，主要是根據日影的長短和方向來測定季節，確定回歸年長度和冬至日所在，進而透過觀測表影的變化來確定節氣和推算曆法等。圭表雖然能夠計時，但功能有限，一天之中只能確定正午的準確時刻。以太陽在天空中的位置來確定時間，這是很難精確的。於是，古人又開始對圭表進行改進，創製出計時功能更強的裝置——日晷。

日晷

日晷又稱「日規」，是利用太陽的投影方向來測定並劃分時間的一種計時儀器。按字面意思來講，日指的是太陽，晷表示影子，日晷就是指太陽的影子。

日晷

日晷通常由銅製的指針和石製的圓盤組成。指針叫做「晷針」，它垂直地穿過圓盤的中心，相當於圭表中的立竿，因此又叫「表」，石製的圓盤叫「晷面」。晷面上有時間刻度，它的正反兩面各刻畫出 12 個大格，代表子、醜、寅、卯、辰、巳、午、未、申、酉、戌、亥 12 個時辰，每個大格又等分成兩格，代表「時初」、「時正」兩個小時， 12 個大格就代表了一天的 24 個小時。由於晷針垂直於盤面，當太陽光照射在日晷上時，晷針的影子就會投向晷面上的刻度。太陽由東向西移動時，投向晷面的晷針影子也會慢慢地由西向東移動，這樣透過晷針日影在盤面上的方向，就能測定時間了。可見移動的晷針影子就像現代鐘錶的指針，晷面則相當於鐘錶的表盤，以此來顯示時刻。

因盤面安置的方向不同，日晷有許多種不同的形式，大體可分為地平式日晷、赤道式日晷、子午式日晷、立晷、斜晷等。由於從春分到秋分的時間，太陽總是在天赤道的北側運行，所以晷針的影子投向晷面上方，正好指向北天極，從秋分到春分的時間，晷針的影子投向則正好相反。因此，在觀察日晷時，首先要了解這兩個不同時期晷針的投影位置，春分後看晷盤的上面，秋分後看晷盤的下面，才能較準確地解讀時間。

由於日晷要依賴於陽光的照射，所以在陰雨天和夜裡就沒辦法使用了，這樣就需要有其他種類的計時器如水鐘等，和它配合使用，另外，用日晷來計時也不是太準確。儘管日晷計時存在很多不足，但它的使用把人們帶出了無時間意識的混沌生活，也為後世更精準的計時工具的問世帶來了曙光。

干支紀年法

干支是天干和地支的總稱。天干由甲、乙、丙、丁、戊、己、庚、辛、壬、癸等十個符號組成；地支則由子、丑、寅、卯、辰、巳、午、未、申、酉、戌、亥等十二個符號組成。把

十「干」與十二「支」相配，可配成六十組，用來表示年、月、日的次序，週而復始，循環使用。

干支最初是用來紀日的，後來多用來紀年。干支紀年法的真正出現和使用是在西漢時期。殷商時使用的不是干支紀年法，而是干支紀日法，即以十「干」和十二「支」交相組合成六十個互不相同的單位，以一個單位代表一日，這是世界上延續時間最長的紀日方法。早期人們只用天干來紀日，可是久而久之，人們發現如果只用天干紀日，每個月仍然會有三天同一干，於是就開始使用天干和地支搭配起來的辦法來紀日，後來，干支紀日的辦法又漸漸被借鑑來紀年、紀月和紀時。東漢章帝元和二年，朝廷下令在推行干支紀年，延續至今，現在農曆的年份仍用干支紀年。

中國的干支紀年就是採用把天干地支作為計算年、月、日、時的方法。把十個干和十二個支按照一定的順序而不重複地排列組合起來，天干在前，地支在後，天干由「甲」起，地支由「子」起，用來作為紀年、紀月、紀日、紀時的符號。把「天干」中的一個字擺在前面，後面配上「地支」中的一個字，這樣就構成一對干支。10 個天干各排列 6 次，12 個地支各排列 5 次完成一個循環，正好是 60 年，也就是我們所說的 60 年一週期的甲子迴圈。如果「天干」以「甲」字開始，「地支」以「子」字開始順序組合，就可以得到：1. 甲子、2. 乙丑、3. 丙寅、4. 丁卯、

5. 戊辰、6. 己巳、7. 庚午、8. 辛未、9. 壬申、10. 癸酉、11. 甲戌、12. 乙亥；13. 丙子、14. 丁丑、15. 戊寅、16. 己卯、17. 庚辰、18. 辛巳、19. 壬午、20. 癸未、21. 甲申、22. 乙酉、23. 丙戌、24. 丁亥；25. 戊子、26. 己丑、27. 庚寅、28. 辛卯、29. 壬辰、30. 癸巳、31. 甲午、32. 乙未、33. 丙申、34. 丁酉、35. 戊戌、36. 己亥；37. 庚子、38. 辛丑、39. 壬寅、40. 癸卯、41. 甲辰、42. 乙巳、43. 丙午、44. 丁未、45. 戊申、46. 己酉、47. 庚戌、48. 辛亥；49. 壬子、50. 癸丑、51. 甲寅、52. 乙卯、53. 丙辰、54. 丁巳、55. 戊午、56. 己未、57. 庚申、58. 辛酉、59. 壬戌、60. 癸亥。

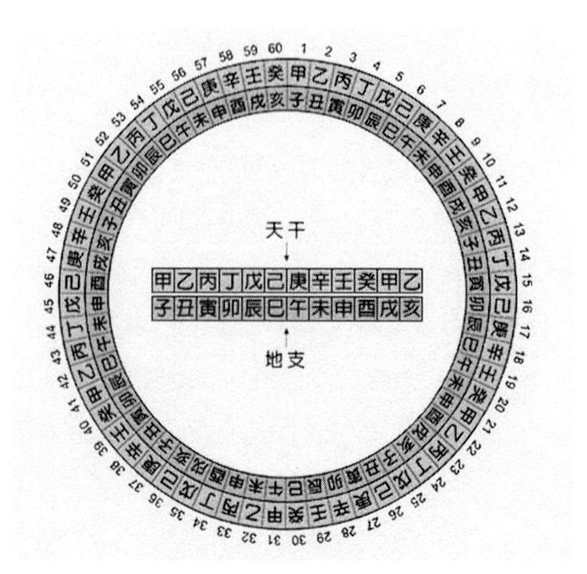

干支紀年法推算法表

每個干支為一年，六十個干支後，又從頭算起，60 年一循環，週而復始，循環不息。由甲子開始，滿 60 年我們稱之為「六十甲子」或「花甲子」，這就是干支紀年法。可見組成天干地支的二十二個符號錯綜有序，充滿圓融性與規律性，它顯示了大自然運行的規律。

張衡的渾天說

渾天說是中國古代的一種宇宙學說，東漢張衡對渾天說的表達最系統、最完整。

張衡自幼刻苦向學，興趣廣泛，自學「五經」，貫通了六藝的道理。他在詩歌、辭賦、散文、算學等方面表現出了非凡的才能和廣博的學識，尤其在中國天文學、機械技術、地震學的發展方面做出了不可磨滅的貢獻，是東漢中期渾天說的著名代表人物之一。

張衡在他的《張衡渾儀注》中認為，天地的形狀像一個雞蛋，天與地的關係就像蛋殼包著蛋黃，天不是一個半球形，而是一個整圓球，地球就在其中，就如雞蛋黃在雞蛋內部一樣。天大而地小，天球內的下部有水，天靠氣支撐著，地則浮在水面上。可見，張衡在繼承和發展前人渾天理論的基礎上，在長期的天象實際觀測中，根據自己對天體運行規律的了解，而對天象大膽提出了新見解。他的渾天說認為：「天球」並不是宇宙的界限，在「天球」之外還應該有別的世界，全天的恆星都置於一個「天球」上，而日月五星都是依附在「天球」上運行的，這一理論與現代天文學的天球概念十分接近。張衡的渾天說還認為，「天球」採用的是球面坐標系，比如赤道坐標系就是用來量度天體的位置，計量天體的運動的。可見，渾天說不僅是一種宇宙學說，而且是一種觀測和測量天體運動的計算體系，和現代的球面天文學很相似。張衡還進一步指出，天球圍繞天極軸轉動時，總是一半在地平面之上，另一半在地平面之下，所以同一時刻我們只能看到二十八宿中的一半。由於天北極高出地平面 36 度，所以天北極周圍 72 度以內的恆星永不落下，而天南極附近的星群永遠不會升起。經他描述，一個非常具體的天球模型就呈現在我們面前了。

張衡在長期的研究中，為了幫助人們更精準地理解他的渾天說，就研製了一個「渾天儀」的演示模型。渾天儀是一個可以轉動的空心銅球，銅球的外面刻有二十八宿和其他一些恆星的位置，球體內有一根鐵軸貫穿球中心，軸的兩端象徵著北極和南極。球體的外面還裝有幾個銅圓圈，這代表地平圈、子午圈、黃道圈、赤道圈，赤道和黃道上還刻有二十四節氣，只要是張衡當時知道的重要天文現象，都刻在了渾天儀上。為了讓「渾天儀」能自動轉動，張衡又利用水力推動齒輪的原理，用漏壺滴出來的水推動齒輪，帶動空心銅球繞軸旋轉。銅球轉動一週的速度和地球自轉的速度是相同的。這樣，人們就能從渾天儀上看到天體運行的情況了，並能和實際天象相驗證。

張衡的渾天說不僅能很好地解釋當時人們所知道的幾乎所有的天文現象，而且還關注了宇宙的生成演化，因此他的渾天說對後世產生了很大影響。

渾天儀

製圖六體理論

製圖六體理論，是中國最早的地圖製圖學理論，是魏晉時期的裴秀在他的《禹貢地域圖》序中提出的，它是當時世界上最科學、最完善的製圖理論。

裴秀是中國古代歷史上一位傑出的地理學家。他精通儒學，多聞博識，晉武帝時官至司空，後任宰相，是當世的名公。裴秀在任司空時，發現《禹貢》中的很多山川地名有了改變，混淆不清，還有一些註釋也是牽強附會，於是他開始對《禹貢》中的記載進行詳細考訂，對記載的山脈、河流、湖泊、沼澤、平原、高原，都一一考察落實。他結合當時的實際情況，查核古今不同的地方，對於古代曾有但當今不用的地名，都作出了註解，經過他不懈的努力，終於製成了著名的《禹貢地域圖》十八篇，成為歷史上最早的地圖集。這些地圖，都是一丈見方，即按照 1 : 1,800,000 的比例繪製而成，地圖上還附有古今地名對照，讓人一目瞭然，能很準確、迅速地查找出自己的目標方向，它是當時最完備、最精詳、最科學的地圖。可惜的是，這套地圖集後來失傳了，現在我們能見到的，只有後來被保存在《晉書．裴秀傳》裡他為這套地圖集所撰寫的序言，它充分體現了裴秀在製圖理論上的卓越見解。尤其珍貴的是，在這篇序言中，保存了他的「製圖六體」理論。

所謂的「製圖六體」就是繪製地圖時必須遵守的六項原則，這是裴秀在總結了前人製圖經驗的基礎上提出的。一是「分率」，即今天的比例尺；二是「準望」，即方位；三是「道裡」，即兩地間距離；四是「高下」，即地勢起伏；五是「方邪」，即

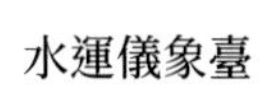

傾斜角度；六是「迂直」，即河流、道路的曲直。前三條是最主要的通用繪圖原則，後三條是因地形起伏變化而必須考慮的問題。這六項原則是相輔相成、密不可分的，是指導繪製地圖的重要原則。裴秀提出的這些製圖原則，是中國古代唯一的系統製圖理論，除經緯線和地球投影外，今天地圖繪製考慮的主要問題，他幾乎全都扼要地提了出來，所以裴秀的製圖六體對後世製圖工作的影響是十分深遠的。

提出的繪製平面地圖的基本科學理論，為編制地圖奠定了科學的基礎，它不僅在中國地圖學的發展史上具有劃時代的意義，而且在世界地圖學史上也占有很重要的地位。裴秀裴秀亦被英國科學家李約瑟稱他為「中國科學製圖學之父」。

水運儀象臺

眾所周知，中國古代有四大發明，其實更確切地說，在造紙術、印刷術、火藥和指南針之外，應該還有一項發明，就是開創世界鐘錶史先河的水運儀象臺 —— 世界上第一座天文鐘。其發明者就是北宋偉大的科學家蘇頌，當時他和《夢溪筆談》的作者沈括齊名。

水運儀象臺是蘇頌一生標誌性的貢獻。宋元祐元年（西元1086 年），蘇頌奉宋哲宗的詔命檢測各種渾儀，在檢測中他突發奇想，能否設計製作出表演天象的儀器和渾儀配合使用？從此他開始網羅人才進行這項工作的研究，並向皇帝推薦了精通數學和天文學的韓公廉，二人共同研製。之後，蘇頌充分運用自己豐富的天文、數學、機械學的知識精心設計出方案，韓公廉根據預案寫出了《九章勾股測驗渾天書》，並製成了大大小小的木樣。後來蘇頌和韓公廉請了一批能工巧匠按照圖紙精心打造，歷時 3 年終於製成了世界上第一座天文鐘 —— 水運儀象臺。水運儀象臺是靠水力來運轉的，是集觀測天象的渾儀、演示天象的渾象、計量時間的漏刻和報告時刻的機械裝置於一體的綜合性觀測儀器。這臺儀器的製造水準堪稱一絕，充分體現了古人的創新精神和聰明智慧。近代鐘錶的關鍵部件「天關」（即擒拿器）也是在那時發明的，後來國際科學界對這一發明創造給予了高度評價，認為它是後來歐洲中世紀天文鐘的「直接祖先」，從此也奠定了蘇頌在世界鐘錶史上的始祖地位。

蘇頌在《新儀象法要》一書中，詳細記載了水運儀象臺的構造、用法和相關說明。水運儀象臺是一個大型的儀器與鐘錶合一的科技裝置，其中高 12 公尺，寬 7 公尺，相當於現在的 4 層樓那麼高。整個水運儀象臺是一座底為正方形、上窄下寬的木結構建築，共分 3 層。最上層的板屋內放置著 1 臺渾儀，為了觀測方便，屋頂上的木板可以自由開啟，平時關閉屋頂，以防雨淋，它的構思非常巧妙，是今天現代天文觀測室的雛形。中間層是一間沒有窗戶的「密室」，放置著一架渾象。天球的一半裝在地櫃裡面，另一半露在地櫃的上面，靠機輪帶動旋轉，一晝夜轉動一圈，能真實地再現星辰的起落等天象變化，下層又分成了五小層木閣，每小層木閣內均安排了若干個木人，5 層共有 162 個木人。它們各司其職：每到一個時辰（古代把一天分為 12 個時辰），就會有分別穿著紅色、紫色、綠色衣服的木人自行出來搖鈴、打鐘、報告時刻、指示時辰等。在木閣的後面放置著精準度很高的兩級漏刻和一套機械傳動裝置，這裡是整個水運儀象臺的「心臟」部分，用漏壺的水衝動機輪，驅動傳動裝置，渾儀、渾象和報時裝置便會按部就班地動起來。整個機械輪系的運轉是依靠水的恆定流量，推動水輪做間歇運動，帶動儀器轉動的，所以這臺儀器叫「水運儀象臺」。

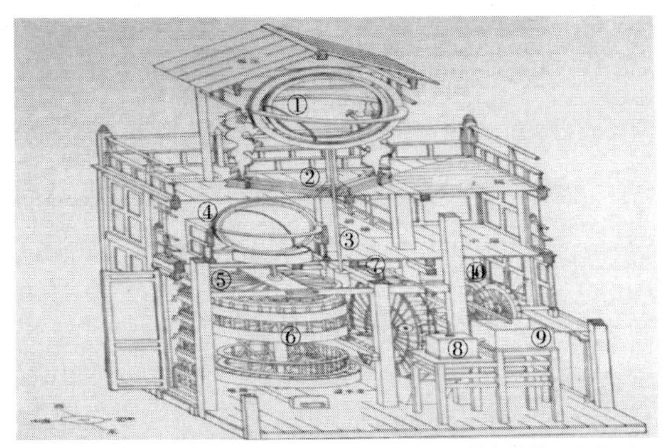

① 渾儀 ② 鰲云圭表 ③ 天柱 ④ 渾象 ⑤ 撥夜機輪 ⑥ 樞輪
⑦ 天衡 天鎖 ⑧ 平水壺 ⑨ 天池 ⑩ 河車 天河 升水上輪

蘇頌的水運儀象臺

水運儀象臺在計時方面的精準，是當時其他儀器所不能比擬的，它一天一夜的誤差只有一秒。可惜的是這臺大鐘錶在宋金紛飛的戰火中消失了，從此蘇頌和水運儀象臺成了沉落泥土裡的珍珠。如果抖落掉時光留在它上面的灰塵，水運儀象臺會像活字印刷術一樣璀璨奪目，蘇頌的大名也許會像畢昇一樣傳世流芳。

楊忠輔與《統天歷》

宋代不僅是中國科學技術最強盛的朝代，有印刷術、指南針、火藥等重要發明，而且在天文學領域，宋代也取得了輝煌成就。貢獻最大的當屬北宋中期楊忠輔編創的《統天歷》，此曆法以 365.2425 日為一年，這個數字和現在國際通行的公曆一年長度完全一樣，只比地球繞太陽一週實際週期差了 26 秒，卻比西方早採用了近 400 年時間。

天文學家早在春秋時期就得到了回歸年長度為 365.25 日，並且認為回歸年長度是一個亙古不變的恆定值，這種觀念到了北宋時由楊忠輔打破了。楊忠輔自幼聰穎好學，尤其對天文曆法充滿了探究的欲望。他在太史局任職時，就對天文工作精益求精，孜孜不倦，測量出了許多精確的數值。在長期的觀測中，他還發現回歸年長度是在逐漸變化的，即每過一百年，回歸年的長度減少 0.000006138 天或半秒多一點，用現代理論表達則是，回歸年長度為 365.242198781-0.000006138*t*，其中 *t* 的單位是百年。早在南宋慶元五年（西元 1199 年），楊忠輔就能修訂回歸年長度，他付出的艱辛努力是可想而知的。到元朝時天文學家郭守敬經過嚴密推算後，最終確認了楊忠輔創製《統天歷》所用的回歸年長是 365.2425 日，這個數據是當時世界上最為精密的，在今天仍然還在使用。今天通用的公曆格里曆，是在 1582 年才提出，這比楊忠輔確立的數值晚了近 400 年。

楊忠輔像

宋代曾經頒發過 18 種曆法，在 1199 年 5 月 26 日，最終將楊忠輔測定的《統天歷》正式頒布通行。楊忠輔編創的《統天歷》主要有三個特點：一是使用了比較精密的回歸年數值是 365.2425 日；二是認為回歸年長度不是固定不變的，隨著時間的推移逐漸減小；三是取消了上元積年，採用截元術。此外，他所使用的歲差數值和五星會合週期比前人更精密。

要研究天文曆法，最基礎的問題是首先要確定一年有多少天，因此確定回歸年的長度是一個非常重要的問題，而楊忠輔的回歸年長度的確立，不僅迎來了中國天文學研究的春天，而且也把世界上的天文學研究推向了頂峰。他對天文學的偉大貢獻，是永遠值得後人紀念的。

郭守敬的《授時歷》

傳說黃帝時首創曆法，堯帝時已經明確了一年分為四季，有 366 天，並有閏月的設置。此後中國歷朝歷代的曆法可謂是成就輝煌，碩果纍纍。春秋末年的「四分曆」，確定了從冬至到次年冬至的天數為 365.25 日，這是世界上最精確的回歸年天數數值，雖和羅馬頒布的儒略曆數值相同，但比儒略曆早了 500 年。在中國古代歷史上，雖然優秀的曆法很多，但是各種曆法使用的時間都較短，只有元朝郭守敬編制的《授時歷》使用了 364 年，成為中國古代曆法中實行最久的曆法。

郭守敬是元朝傑出的天文學家、數學家和水利工程專家。他出生在書香門第，從小勤奮好學，愛動腦，勤於思考問題。他的祖父郭榮很有學問，精通數學和水利，在潛移默化中就培養了郭守敬的動手能力，當時僅有 15 歲的郭守敬，就仿製成了自北宋以來失傳的一種計時比較精確的計時器「蓮花漏」，後來被改稱為「寶山漏」。郭守敬在將它呈獻給朝廷後，元代的國家天文臺就將它作為計時器採用了。

1276 年，元軍攻下南宋的京城臨安後，全國統一已成定局。為改變國家南北曆法不統一和傳統曆法誤差越來越大的問題，元世祖忽必烈就命令郭守敬主持制定一部新的曆法。郭守敬在接受了這項艱巨任務後，就反覆考慮該如何著手編修新曆法。「歷之本在於測驗，而測驗之器莫先於儀表。」郭守敬認為當務之急就是要研製高精度的儀器。他在察看當時司天臺上最重要的天文觀測儀器渾天儀器時，發現因當時戰事頻繁，年久失修，這架儀器已轉動不靈，最重要的儀器圭表也已經東倒西歪，根本無法直接使用。為此，他開始發奮圖強，克服重重困難，在三年內研製出了十二種新型天文儀器，其中就包括最重要的儀器「簡儀」。這些儀器的功能和精度都大大超越了前代。

郭守敬發明的簡儀是在中國傳統渾儀的基礎上，將眾多環圈簡化，只保留了兩組最基本的環圈系統，這是當時最先進的天文觀測儀器。郭守敬就是運用這個簡儀對天體做了觀測，他測定出了黃道與赤道的交角，以及二十八宿的距度，這就為他編制一本高精確度的新曆法奠定了基礎。

在編制新曆法期間，郭守敬還主持了全國大規模的天文觀測活動，在全國建立了 27 個天文觀測點，其中最南端的觀察點在南海（今西沙群島），最北端的觀察點在北海（今西伯利亞）。

經過郭守敬四年的努力，1280 年新曆法終於告成，據古語「敬授人時」，此曆法就被命名為《授時歷》，1281 年頒行全國。後來，郭守敬又花費了兩年時間整理完善，最終寫成定稿。

1291 年，忽必烈又召見了郭守敬，命令時年 60 歲的郭守敬整修大都至通州的運糧河。經過一年多的疏通和治理，運河終於修通，定名為「通惠河」。從此，出現了南糧北運的盛極景象，大大促進了元朝經濟的發展。

《授時歷》計算簡單、精確度高，因此編制後不久就傳到了日本、朝鮮半島，並被採用。《授時歷》不僅是中國歷史上的一部最先進、精確的曆法，而且在世界天文學史上也占有重要地位，國際天文學會為了讓後人永遠記住郭守敬這位偉大的天文學家，1964 年把發現的一顆小行星命名為「郭守敬小行星」，1981 年把月球背面的一座環形山命名為「郭守敬環形山」。

第五章　數學之奧

中國最早的計算工具

中國最古老的計算工具是算籌，也稱算子。它起源於商代的占卜，是用現成的小木棍做計算用的，這不僅是中國最早的算籌，也是世界之最。

算籌是古人在長期的生活實踐中發明的，它最早出現在何時，現在已很難考證，但最遲在春秋戰國時期就已經出現了。據考古證明，古代的算籌是由竹子、木頭、獸骨、象牙、鐵、銅等各種材料製成的小棍子，長短和粗細都是一樣的，一般長為 13 公分～ 14 公分，粗為 0.2 公分～ 0.3 公分，大約 270 根為一束，裝在一個布袋裡，可隨身攜帶，需要計算時，隨時取出來使用。

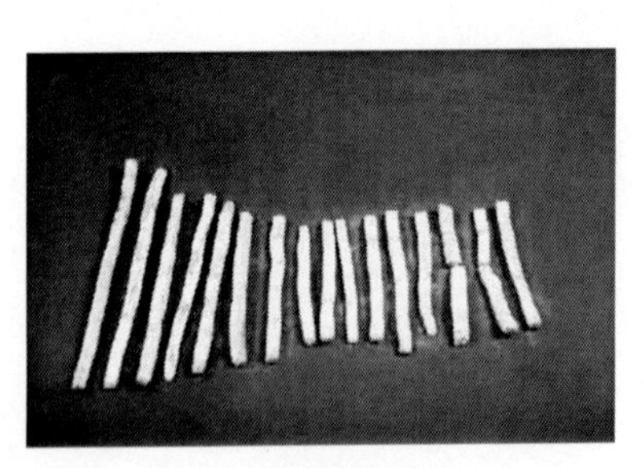

古代骨算籌

既然算籌是一根根同樣長短和粗細的小棍子，那麼又是怎樣來使用的呢？

在算籌記數法中，共有兩種形式來表示單位數目，一種是縱式，也叫直式，另一種是橫式。其中 1 ～ 5 分別以縱橫方式排列相應數目的算籌來表示，6 ～ 9 則以上面的算籌再加上下面相應的算籌來表示。當時還規定，要表示多位數時，就用縱式來表示個位、百位、萬位……，用橫式表示十位、千位、十萬位……，這樣從右到左，按照縱橫相間的原則，以此類推，就可以用算籌表示出各種數字了。如果遇到「零」的時候，不擺算籌，用空位表示，從而可以進行加、減、乘、除、平方根以及其他的代數計算。由此可見，這樣一種算籌記數法遵循的是十進位制。這種運算工具和方法的創立，在當時可以說是世界上獨一無二的。在計算的時候，算籌由於是縱橫相間固定擺放的，所以計算時既不會混淆，也不會錯位。當負數出現後，算籌就分為黑紅兩種，紅籌表示正數，黑籌則表示負數。

在南北朝時的《孫子算經》中就有關於籌算法則的記述：「一縱十橫，百立千僵，千十相望，萬百相當。」也就是說，在記數時，從右到左，個位用縱式，十位用橫式，百位用縱式，千位用橫式，如此縱橫相間，就能正確計算了。由此可見，現在我們仍在使用的十進位制計算法與古代出現的算籌記數法和進位規則是一脈相承的。馬克思在他的《數學手稿》一書中稱十進位記數法為「最妙的發明之一」，確實是恰如其分。算籌在中國古代使用了近兩千年，後來逐漸被珠算所代替。

算盤的問世

算盤是中國古代的一項重要發明，應該被譽為中國的第五大發明。算盤最早是由「算籌」衍變而來的，是用木圓珠代替粗細、長短一樣的小棍棒來進行運算的簡便工具，用算籌作為工具進行的計算叫「籌算」。「籌算」採用的是十進位制，開始只能進行加減計算，後來又逐漸能進行簡單的乘除法運算。隨著生產的發展，用小木棍進行計算受到了限制，並且計算速度也比較慢。於是，算盤在人們對「籌算」改進的過程中就應運而生了，這是古人的創造和發明。

算盤是長方形的，四周用木框固定，木框裡面又固定著一根根小木棍，小木棍上穿著木珠，中間用一根橫梁把小木棍分成上下兩部分。每根木棍的上半部有兩個珠子，每個珠子代表五，下半部有五個珠子，每個珠子代表一。用算盤來計算就叫珠算。珠算有相應的四則運算法則，統稱「珠算法則」。

算盤

算盤的歷史最早可以追溯到漢代。東漢末年數學家徐岳在《數術紀遺》中有這樣的記載：「珠算，控帶四時，經緯三才。」這說明漢代已有算盤，但那時的算盤中間是沒有橫梁相隔的，上下珠以顏色來區分，中梁以上一珠當五，以下一珠當一，這種算盤稱為「游珠算盤」，是現代算盤的前身。算盤的上珠十和下珠五實際上就是河圖中的天數五、地數十，這樣設置主要是取天地交泰之意，即萬物始生。隨著唐宋商業的發展，珠算逐漸滲透於流通領域。在北宋張擇端的《清明上河圖》中，可以看到在趙太丞家藥鋪的櫃臺上放著一個算盤，而且是有橫梁穿檔的大珠算盤，至元代時，算盤的使用已十分流行，到了明代，數學家們還編寫了一些關於珠算的專著，並形成了簡單易記的珠算口訣：「三下五去二」，「七去五上二進一」等。用時，可依照口訣，上下撥動算珠，這樣在進行計算時就可以得心應手，運珠自如了。15 世紀中葉，《魯班木經》一書詳細記載了算盤的製作方法。明代以後，珠算逐漸取代籌算，在中國被普遍應用。珠算後來陸續傳到了日本、朝鮮半島、印度、俄羅斯、西歐各國，受到廣泛歡迎，對近代文明產生了很大的影響。

現在世界上的算盤，除了木製的，還有竹、銅、鐵、玉、景泰藍、象牙、骨等不同的材料製成的。這些算盤大小各異，有的可以藏入口袋，有的要靠人來抬。中國是世界上最早發明算盤的國家，幾千年來它一直是普遍使用的計算工具，儘管目前計算工具已進入電子時代，但現代最先進的電子計算機也不能完全取代算盤的作用，算盤仍散發著時代的青春氣息，隨著電腦和算盤的結合，人們開發出算盤的新功能。珠算承受住電腦科學巨變的猛烈衝擊，顯示出百代難泯的頑強生命力。2013年12月4日，珠算被聯合國教科文組織列入人類非物質文化遺產名錄，這也是中國第30項被列為人類非物質文化遺產的項目。

游標卡尺的發明

在形態各異的長度精密計量器家族中，使用較方便、精確度比較高且比較常用的是游標卡尺，而卻鮮為人知的是，游標卡尺的發源地在中國，它是漢代的一項偉大發明。

游標卡尺是一種測量長度、內外徑、深度的量具。從背面看，游標是一個整體，其實它是由主尺及其附在主尺身上能滑動的游標兩部分構成，尺身和游標尺上面都有刻度，主尺一般以毫米為單位，在游標上標有10、20或50個分格，根據不同的分格，游標卡尺可分為十分度游標卡尺、二十分度游標卡尺、五十分度游標卡尺等。游標為十分度的有9毫米，二十分度的有19毫米，五十分度的有49毫米。如果以準確到0.1毫米的游標卡尺為例，尺身上的最小分度是1毫米，游標尺上就有10個小的等分刻度，總長 9 毫米，每一分度為 0.9 毫米，與主尺上的最小分度相差 0.1 毫米。在游標卡尺的主尺和游標上有兩副活動量爪，分別是內測量爪和外測量爪。內測量爪通常用來測量槽的寬度和管的內徑，外測量爪通常用來測量零件的厚度和管的外徑。如果把深度尺與游標尺連在一起，就可以測量槽和筒的深度。

在使用游標卡尺時，首先要用軟布將量爪擦乾淨，然後將兩副量爪併攏，查看主尺身和游標的零刻度線是否對齊。它們的第一條刻度線相差 0.1 毫米，第二條刻度線相差 0.2 毫米……第 10 條刻度線相差 1 毫米，即游標的第 10 條刻度線恰好與主尺的 9 毫米刻度線對齊。只要對齊就可以測量，如果沒有對齊就要記取誤差。在測量時，用右手拿住尺身，大拇指移動游標，左手拿著要測的物體。當待測物位於測量爪之間，並與量爪緊緊相貼時，就可以讀數了。

世人一般都認為游標卡尺是法國數學家 Pierre Vernier（皮埃爾．維尼爾）在 1631 年發明的，而 1992 年 5 月，在揚州市西北的邗江縣甘泉鄉（今邗江區甘泉街道）出土了一件公元 1 世紀東漢時的原始銅卡尺，相傳這是由篡漢的王莽發明的，因此被稱為「新莽銅卡尺」。此銅卡尺由固定尺和活動尺等部件構成，由此可以斷定，游標卡尺在東漢時期就已經有了，並開始在生產中應用。東漢原始銅卡尺的出土，將游標卡尺的歷史上溯了

1,600 多年，也進一步證明了游標卡尺最早是由中國人發明的，這為中國古代度量衡史的研究提供了珍貴的實例。經過考古學家考證，這把銅卡尺是迄今世界上發現最早的卡尺，製造於公元 9 年，距今已有 2,000 多年的歷史。

據考古學家考證，刻線直尺在夏商時代就已普遍使用了，主要是用象牙和玉石製成的。它的出現改變了古代人們主要採用木桿、繩子，或用「邁步」、「布手」等方法來測量長度的手段，但它還不夠精準。在長期的生活實踐中，人們不斷加以改進，直到東漢時才出現了青銅刻線卡尺。隨著游標卡尺的出現，這種高精度的測量工具也被廣泛使用在人們的生產生活中，它是刻線直尺的延伸和拓展，是對世界測量史一個偉大貢獻。

《周髀算經》

《周髀算經》原名《周髀》，不僅是一部數學著作，也是一部天文學著作。它是算經十書中的一部，是中國迄今為止最早的一部數學著作。

周就是圓，髀就是股，周髀有蓋天之意，這是中國古代的一種天體學說。當時的人們認為，天就像是無柄的傘，地像無蓋的盤子，因為在書中使用了勾股術來測算天體運行的裡數，

又相傳該書由周公所著，所以稱《周髀算經》。

《周髀算經》成書於西漢或更早時期。此書分上下卷，以對話的形式主要闡明了當時的蓋天說和四分曆法。在古代，關於宇宙結構模式有三種學說，蓋天說就是其中之一，而《周髀算經》又是蓋天說完善的代表。書中以精確的數字、合理的推理、正確的演算來印證了蓋天說。不僅如此，《周髀算經》還包含了豐富的數學成就，書中不僅講述了數學的學習方法，最早記載了古代用「四分曆」來計算相當複雜的分數運算、平方根，而且主要介紹了勾股定理及其在測量上的應用，以及怎麼引用到高深複雜的天文計算上。

眾所周知，勾股定理是一個基本的幾何定理，相傳是在商代由商高發現的，所以又稱之為「商高定理」。在《周髀算經》裡就記載了周公與商高的談話。公元前1120年，商高對周公說：將一根直尺折成一個直角，兩端連接得一個直角三角形，如果勾是三、股是四，那麼弦就等於五。這是關於勾股定理的最早文字紀錄，即我們所說的「勾三股四弦五」。之後，三國時代的趙爽還對《周髀算經》內的勾股定理做出了詳細的註釋，用邊長為3、4、5的直角三角形來進行測量，把直角三角形中較短的直角邊叫做勾，較長的直角邊叫做股，斜邊叫做弦，從而又記載了勾股定理的公式與證明的另外一種方法，即直角三角形兩直角邊（「勾」、「股」）邊長的平方和等於斜邊（「弦」）邊長的平方。也就是說，如果設直角三角形兩直角邊分別為 a 和 b，斜邊為 c，那麼勾股定理的公式就是 $a^2+b^2=c^2$。

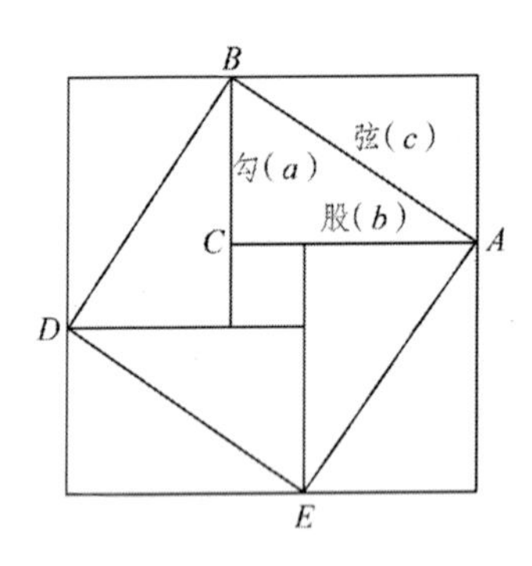

勾股定理圖示

《周髀算經》是中國歷史上最早的一本算術類經典著作，以後歷代數學的發展都是在《周髀算經》基礎上的不斷創新和傳承。

祖沖之與圓周率

祖沖之是南北朝時期傑出的數學家、天文學家，他一生中最突出的貢獻就是，在世界上第一次把圓周率的數值精確推算到小數點之後的第七位數字。

被中香爐的設計最早記錄在西漢劉歆所撰寫的《西京雜記》中：漢武帝時，有一個名叫丁緩的能工巧匠製成了當時已經失傳已久的「被中香爐」。它整體高約 5 公分，是個圓球形的銅製爐子，外殼由兩個半球合成，殼上鏤刻著精美的花紋，花紋間留有空隙，主要是用來散髮香氣的。此外在爐子中間還裝有機環，目的是讓爐體保持平衡，無論它如何翻滾，火灰絕對不會傾溢出來，可以放置在床上的任何位置放心使用，所以稱之為「被中香爐」，也正因為它的製作精細、鏤刻雅緻、香豔驚人，所以香爐問世後便很快流行開來。到唐朝，還出現了銀熏球，由於價值昂貴些，只盛行於貴族的生活中。這種香球不僅可以放在被縟衣服中，而且可以掛在屋裡的帷帳上。由此可見「被中香爐」是中國古代的一種藝術珍品。

祖沖之和圓周率

被中香爐的設計最早記錄在西漢劉歆所撰寫的《西京雜記》中：漢武帝時，有一個名叫丁緩的能工巧匠製成了當時已經失傳已久的「被中香爐」。它整體高約 5 公分，是個圓球形的銅製爐子，外殼由兩個半球合成，殼上鏤刻著精美的花紋，花紋間留有空隙，主要是用來散髮香氣的。此外在爐子中間還裝有機環，目的是讓爐體保持平衡，無論它如何翻滾，火灰絕對不會傾溢出來，可以放置在床上的任何位置放心使用，所以稱之為「被中香爐」，也正因為它的製作精細、鏤刻雅緻、香豔驚人，所以香爐問世後便很快流行開來。到唐朝，還出現了銀熏球，由於價值昂貴些，只盛行於貴族的生活中。這種香球不僅可以放在被縟衣服中，而且可以掛在屋裡的帷帳上。由此可見「被中香爐」是中國古代的一種藝術珍品。

圓周率，就是圓的周長同直徑的比率，通常用希臘字母「π」來表示。在秦漢之前，人們是以「周三徑一」作為圓周率的，這就是所謂的「古率」。在長期的運用過程中，人們發現古率的誤差太大，圓的周長應該是「圓徑一而周三有餘」，也就是說圓的周長是圓直徑的三倍多，但具體多多少，很難說出一個固定的數字。直到三國時期，著名的數學家劉徽在他撰寫的《九章算術注》第九卷中，提出了計算圓周率的科學方法——「割圓術」。他認為「周三徑一」，即圓周率的近似值為 3，太不精確，於是就用圓內接正六邊形的周長與直徑的比值來計算。當劉徽計算到圓內接 96 邊形時，求得 $\pi = 3.14$。在計算中他發現，圓內接正多邊形的邊數無限增多時，多邊形周長就無限逼近圓的周長，即所求得的 π 值越精確。在這裡劉徽運用了初步的極限概念，並提出了割圓術，這在當時世界上是最先進的。

祖沖之小時候就酷愛數學和天文，孩童時對圓周率的研究

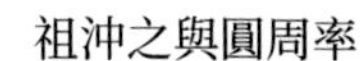

已經達到了如醉如痴的地步。據說，有一天夜裡，他忽然想到《周髀算經》上說，圓的周長是直徑的 3 倍，對不對呢？這個說法一直讓他翻來覆去睡不著。天還沒亮，他就拿上一根繩子，跑到大路上，等候著馬車的到來。當第一輛馬車過來時，祖沖之喜出望外，再三央求下，他終於測量了馬車的輪子。他認為圓周長一定是大於直徑的 3 倍的，究竟大多少，這個問題一直困擾著他。如何能更精準地計算出圓周率呢？從此祖沖之就開始研究前人的成就，尤其是劉徽的成果；他不辭辛苦地鑽研，反覆演算。他曾在自己書房的地面上畫了一個直徑 1 丈（當時的 1 丈約合現在的 258 公分）的大圓，從這個圓的內接正六邊形一直做到正 12,288 邊形，然後一個一個地算出了這些多邊形的周長。那時候是沒有電子計算機的，祖沖之運用的是竹棍這樣簡陋的運算工具，即古人所說的「算籌」。他要用算籌對九位數字的大數，進行一百三十次以上的計算，這其中包括開平方根，運算的艱辛是可想而知的。祖沖之經過夜以繼日、成年累月的計算，終於得出了圓的內接正 24,576 邊形的周長等於 3 丈 1 尺 4 吋 1 分 5 厘 9 毫 2 絲 6 忽，還有餘數，從而求出圓周率 π 在 3.1415926 與 3.1415927 之間，準確到小數點後第 7 位，達到了當時世界上的最高水準，這項成果領先世界近千年。為了讓後人永遠記住祖沖之在數學上的傑出貢獻，外國的數學家還建議把「π」叫做「祖率」。祖沖之在治學上持之以恆的毅力和聰敏智慧著實令人佩服，這也是非常值得我們後人學習的。

圓周率是永遠除不盡的無窮小數。祖沖之對圓周率的研究，記錄在他與兒子祖暅之合著的數學專著《綴術》中。《綴術》在唐朝時被用作學校的教材，後來傳到日本、朝鮮半島，也被用作教材。

祖沖之卓越的數學成就在世界數學史上永遠閃耀著光芒。

楊輝三角

楊輝，中國南宋時期傑出的數學家、教育家。他曾擔任過南宋地方官，為政清廉，口碑很好。他一生致力於數學與教育工作的研究，楊輝三角是他的重要研究成果之一。楊輝是世界上第一個能排出豐富的縱橫圖和討論其構成規律的數學家。楊輝與秦九韶、李冶、朱世杰並稱為宋元數學四大家。

楊輝三角，又稱賈憲三角，是二項式係數在三角形中的一種幾何排列。楊輝三角首先是由北宋數學家賈憲發現的，但記錄賈憲成就的《黃帝九章算經細草》失傳，後來南宋數學家楊輝在他所著的《詳解九章算法》一書中，把賈憲的一張表示二項式展開後的係數構成的三角圖形詳實地記錄下來。在西方，法國數學家帕斯卡在 1654 年的論文中很詳細地討論了這個圖形的性質，所以在西方又稱「帕斯卡三角」。這就是「開方作法本源圖」，後簡稱為「楊輝三角」。楊輝在他的著作《詳解九章算法》中，記述了它最本質的特徵：它的兩條斜邊都是由數字 1 組成的，而其餘的數字則等於它上面的兩個數之和，從第二行開始，這個大三角形的每行數字，都對應於一組二項展開式的係數。楊輝三角是一個由有趣的數字排列成的三角形數表，它就像一個數學金字塔，一般表達式如下：

1

1　1

1　2　1

1　3　3　1

1　4　6　4　1

1　5　10　10　5　1

……………

楊輝發現這個有趣的數字排列，還要追溯到他在臺州做地方官時。有一次他坐轎外出巡遊，正當他陶醉在旖旎風光中時，轎子忽然停了下來，這時就聽到前面傳來一個孩童的喊叫聲，接著是衙役們的訓斥聲。楊輝連忙探出頭來詢問情況，原來是一個孩童正在地上做一道數學算題，還沒完成，死活不走。楊輝一聽不僅沒生氣，反而哈哈大笑，連忙下轎很好奇地來到孩童面前一看究竟。原來，這個孩童正在計算一位老先生出的一道趣題：把 1 到 9 的數字分三行排列，不論豎著加，橫著加，還是斜著加，結果都等於 15。楊輝看著那孩童的算式，仔細一想，原來是出自西漢學者戴德編纂的《大戴禮記》一書中的題目。喜愛數學的楊輝全然忘記了身邊的美景，俯下身來，竟然和孩童一起算了起來。直到天已過午，兩人終於將算式擺出來了。在方塊中，無論你怎樣橫、豎、斜著加結果都是 15。他們又很快驗算了一遍，結果全是 15，這才鬆了一口氣站了起來。之後，楊輝又隨著孩童來到老先生家裡，並為這位上不起學的孩童交了學費。老先生非常欽佩楊輝樂於助人的個性，話很投機，就與楊輝暢談起了數學問題。老先生說道：南北朝的甄鸞在《數術記遺》書中寫過：「九宮者，二四為肩，六八為足，左三右七，戴九履一，五居中央。」楊輝聽後默念了一遍，發現這正與上午自己和孩童擺出來的數字完全一樣。又好奇地問老先生：「先生，您可知這個九宮圖是如何造出來的？」老先生也回答不了。

楊輝

楊輝回到家中，一有空閒就反覆思索、擺弄這些數字。有一天，他終於總結出一條規律，並概括為四句話：九子斜排，上下對易，左右相更，四維挺出。意思就是：先把 1 到 9 數字從大到小斜排三行，然後再把 9 和 1 兩數對調，左邊 7 和右邊 3 對換，最後把位於四角的 4，2，6，8 分別向外移動，排成縱橫三行，這樣三階幻方就填好了，構成了九宮圖。

楊輝在研究出三階幻方的構造方法後，按照類似規律，又系統地研究出了四階幻方，即從 1 ～ 16 的數字排列在四行四列的方格中，使每一橫行、縱行、斜行四數之和均為 34。後來，楊輝又在前人著作的基礎上，研究出了五至十階幻方。楊輝把這些幻方圖總稱為縱橫圖，於 1275 年記錄在自己的數學著作《續古摘奇算法》中，並流傳後世。後來，人們就按照他所勾畫出的五階、六階乃至十階幻方來證明，結果全都是準確無誤的。在當時條件下，楊輝能研製出高階幻方的構成規律，真不愧為世界上第一個論述了豐富的縱橫圖和討論了其構成規律的數學家。

「楊輝三角」極大地豐富了中國古代數學寶庫，而且也為世界數學科學的發展做出了卓越的貢獻。「楊輝三角」不僅可以用來開平方根和解方程式，而且與組合、高階等差級數、內插法等數學知識都有密切的關係。

李冶與天元術

李冶是宋元數學四大家之一。他在數學上的主要貢獻是天元術，就是利用設未知數並列方程的方法，來研究直角三角形的內切圓和旁切圓的性質。

出生在金代的李冶自小天資聰敏，喜愛數學研究，後來他在洛陽考中進士，官至鈞州知事。他為官清廉、正直，1232 年蒙古軍隊攻下鈞州，李冶不願投降，只好流落到山西民間。金代滅亡後，李冶再也無心過問政治，從此開始了他將近 50 年的數學研究生涯，他主要研究的是天元術。

所謂天元術，就是一種用數學符號列方程式的方法，如「立天元一為某某」，這相當於今天「設 x 為某某」。由於當時的計算工具為算籌，所以和今天的寫法是不同的。

宋元時期隨著數學問題的日益複雜和高次方程數值求解技術的發展，迫切需要一種能建立任意次方程的方法來解決實際問題，天元術就是在這樣的需求下產生、發展起來的。

天元術早在北宋時就已經產生了，但一直受幾何思維束縛，記號混亂複雜，演算比較煩瑣，也不成熟。李冶在研究數學天元術的過程中，決心要找到一種更簡潔實用的方法。從此，李冶開始潛心研究，以《洞淵九容》為基礎，晝夜不辭辛苦地討論了在各種條件下用天元術求圓徑的問題。他傾其心血，

終於在 1248 年寫成了《測圓海鏡》一書。這是現存最早的一部以天元術為主要內容的專門著作。

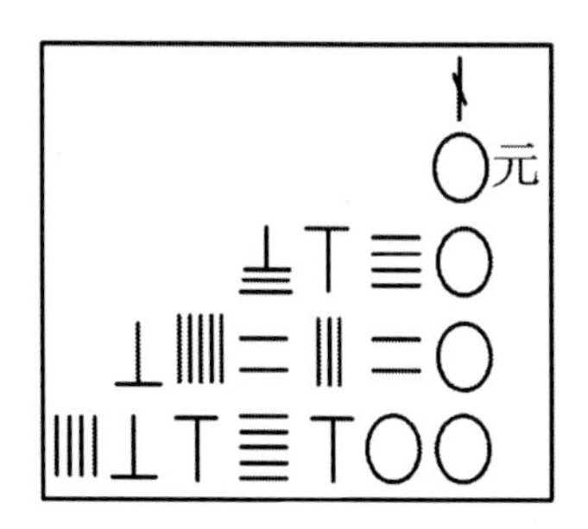

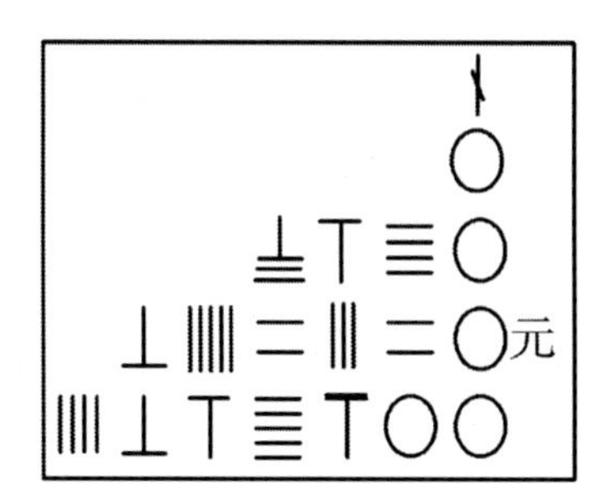

天元術

《測圓海鏡》共分 12 卷，記述了列方程式的統一方法，研究了利用增乘開方法求高次方程式的根。他發明了負號，他的負號與現在不同，是在數字上畫一條斜線。他還採用了從 0 到 9 的完整數位，創造了簡明的小數記法，從而改變了以往用文字描述方程式的狀況。但在當時的運算中仍缺少符號，尤其是缺少等號，所以這樣的代數，只能稱為半符號代數，它是近代符號代數的前身，這種半符號代數比歐洲早了 300 多年，是世界上最早的代數學理論，也是當時世界上最先進的高次方程式數學科學。他的天元術與現代列方程式的方法極為類似。

《測圓海鏡》不僅記述了天元術的完善、創新、發展，而且在書的編排上也較以前有了進步。全書基本上構成了一個演繹邏輯體系，卷一包含了解題所需要的定義、定理、公式，後面各卷問題的解法均可在此基礎上以天元術的方法推導出來。李冶是中國數學史上用演繹法著書的第一人。

由於《測圓海鏡》內容較為深奧，一般人難以讀懂，所以刊印後傳播較為緩慢。李冶為了能讓更多的人了解「天元術」，後又編撰了《益古演段》，做到了圖文並茂，用易懂的幾何方法對天元術進行解釋，這本書成為天元術的入門書。此書後來流傳到朝鮮半島、日本等國，極大地推動了世界數學事業的發展。

元代李冶編著的《測圓海鏡》，標誌著天元術發展到了成熟階段。他擺脫了幾何思維的束縛，發明了用「元」表示含未知數項的代數理論方法來列方程式的方法，實現了解題的程式化，並具有了半符號代數學的性質，這是中國古代數學發展史上的一個重要創造。

韓信點兵與中國的剩餘定理

韓信是漢高祖劉邦手下一位著名的大將。早年時父母雙亡，曾靠乞討為生，還經常遭人欺負，「胯下之辱」講的就是韓信小時候被無賴欺凌的故事，後來他投奔了劉邦，英勇善戰，智謀超群，為漢朝的建立立下了汗馬功勞。韓信不僅統率過千軍萬馬，而且還對手下士兵的數目瞭如指掌。據說他統計士兵數目時，有個獨特的方法，被後人稱為「韓信點兵」。

韓信為了不讓敵人摸清自己部隊的情況，他在點兵的時候，總是先讓士兵從 1 到 3 報數，記下最後一個士兵所報之數，再命令士兵從 1 到 5 報數，也記下最後一個士兵所報之數，最後令士兵從 1 到 7 報數，又記下最後一個士兵所報之數。這樣，他自己很快就算出了自己部隊士兵的總人數，而別人根本無法計算出他手下終究有多少名士兵。

在一次戰役中，韓信帶領 1,500 名將士與楚王項羽的大將李鋒所率部隊進行了一場惡戰，雙方死傷纍纍，楚軍敗退回營，韓信也帶領兵馬返回大本營休整。疲憊的大軍剛行軍到一個山坡時，軍探來報，說楚軍有騎兵追上來了，忽見遠方塵土飛揚，喊聲震天動地。漢軍一片譁然，又進入戰備狀態。只見韓信快速騎馬來到坡頂，觀察到敵人不足五百騎，又急速返回清點自己的兵力，以做好迎敵準備。他命令士兵 3 人一排，結果多出 2 名，接著又命令士兵 5 人一排，結果多出 3 名，他又命令士兵 7 人一排，結果又多出 2 名。韓信很快清點完人數，接著向將士們宣布：我軍有 1,073 名勇士，敵人不足 500，我們居高臨下，以眾擊寡，相信我們一定會打敗敵人的。韓信的快速點兵法，早已使士兵們佩服得五體投地，結果士氣大大被鼓舞。在漢軍的步步進逼下，楚軍亂作一團，很快楚軍就大敗而逃。這樣，漢軍憑藉著韓信的神機妙算又打了一場漂亮仗。

這個故事中所講的韓信速點兵的計數方法，實際上就是同餘式組的一般求解方法。韓信點兵法就是《孫子算經》中的「物不知數」問題，也就是一次同餘組的求解定理。國外的數學著作中將一次同餘式組的求解定理稱譽為「中國剩餘定理」。

韓信點兵與中國的剩餘定理

古人曾用一首數學詩概括了這個問題的解法：三人同行七十稀，五樹梅花廿一枝，七子團圓月正半，除佰零伍泄天機。意思就是說，第一次餘數乘以 70，第二次餘數乘以 21，第三次餘數乘以 15，把這三次運算的結果加起來，再除以 105，所得的除不盡的餘數便是所求之數（即總數）。用數學詩來表達計算方法，可謂是風格別緻，妙趣橫生，大大提高了人們學習數學的興趣。

剩餘定理的發明可謂是中國古代數學家的一項重大創造，它在世界數學史上也占有非常重要的地位。

第六章　建築之美

秦代的阿房宮

阿房宮，是雄才大略的秦始皇在統一六國之後於渭河以南修建的一座豪華宮殿，在當時可以說是無與倫比的。1961 年，其遺址被列為是中國重點文物保護單位。

據史料記載，秦始皇在完成統一大業後，從公元前 221 年開始，就派人去各國繪製他們的宮殿圖，然後就在咸陽北郊仿照各國的建築式樣圖大修宮室 145 處，宮殿 270 座，主要用來安置從六國掠來的美女和樂器等，後來他又藉口先王的宮殿太小，人太多，就又下令並驅使 70 萬人在渭河以南的皇家園林上林苑中，興建一座規模更宏大的朝宮。這座宮殿的前殿所在地叫阿房，所以當時人們就把這座宮殿稱為阿房宮。

阿房宮的前殿是主體宮殿。據史書記載，前殿東西長約五百步，南北寬約五十丈，殿內可容納萬人，下可建五丈旗。目前還存有一座巨大的長方形夯土臺基，長為 1,320 公尺，寬 420 公尺，是中國已知的最大的夯土建築臺基，更特別的是阿房宮的門是用磁石做的，主要是為了防止行刺者暗帶兵器入宮，這樣可以利用磁石的吸鐵作用，使隱甲懷刃者在入門時不能通過，從而保衛皇帝安全，其次還可以向天下朝臣顯示秦阿房宮前殿的神奇作用，令其驚恐退步。另外，在阿房宮前殿門前還站立著 12 個各重千石的大銅人，寓意為秦朝是天下統一、千秋萬代的王朝。為了修建這座豪華的宮殿，從各地運來了最好的石料和木材，有的地方的樹木都被砍伐光了，造成了巨大的浪費。

阿房宮復原圖

由於這座氣勢恢宏的宮殿建築規模巨大，秦始皇在位時，用了 4 年時間只建好了堅如磐石的前殿。後來秦始皇病逝後，因為要給他趕修陵墓，這座宮殿的建築曾經一度停工。秦二世為了完成先皇的遺願，第二年又命令召集苦力復工營建。由於當時各地已經爆發起義，全部工程到秦朝滅亡時也沒建成。公元前 207 年，項羽率軍進入關中，這座凝結著百姓血汗和智慧結晶的偉大建築，被項羽軍隊付之一炬。傳說大火三月不息，阿房宮最終變成了一片廢墟。

我們現在想去詳細了解阿房宮獨特的結構、恢宏的氣勢、華美的建築，唐代詩人杜牧的《阿房宮賦》當屬最好的資料了。

萬里長城

你知道孟姜女哭長城的故事嗎？傳說秦始皇時，傜役非常繁重，一對年輕人范喜良、孟姜女新婚剛剛 3 天，新郎范喜良就被抓去修築長城，不久就因饑寒交迫、過度勞累致死，然後被埋在長城牆下。孟姜女因思夫心切，不畏千辛萬苦，來到長城邊尋夫，得到的卻是丈夫死去的噩耗，於是她在長城腳下痛哭，三日三夜不止，最終長城為之崩倒，露出了范喜良的屍骸，孟姜女也在絕望之中投海而亡。

秦始皇為什麼要徵集大量的勞力去修築長城呢？主要是因為北方的匈奴力量比較強大，不斷騷擾秦朝邊境。為了抵禦匈奴的進攻、維護國家的統一，秦始皇就採取了積極的防禦措施：一方面派大將蒙恬率軍大舉反擊匈奴，奪取被匈奴侵占的河套地區；另一方面又讓蒙恬負責修築一條西起臨洮、東到遼東蜿蜒萬餘裡的城防，這就是聞名中外的「萬里長城」。長城的一部分是在原來趙國、燕國舊長城的基礎上修繕增築而成的。長城的修建在當時確實造成了一定的防衛作用，之後就作為一項偉大的建築工程而遺留後世，。

長城是古代中國在不同時期為抵禦北方遊牧民族侵襲而修築的規模浩大的軍事工程的統稱，在不同時期確實發揮著重要的抵禦作用。長城的修建最早要追溯到春秋戰國時期，那時不是為抵禦匈奴的入侵，主要是各國諸侯為了防禦別國入侵，

而修築起烽火臺，並且用城牆連接起來，這樣就形成了最早的長城。再後來，尤其是到了秦代，北方的匈奴力量強大起來。為了抵禦匈奴的騷擾，秦始皇就迫使近百萬勞工去修築長城，這大約占當時全國總人口的二十分之一。當時在崇山峻嶺、峭壁深壑上施工，又沒有任何機械，工程全都是由人力手工完成的，難度可想而知。無論是巨龍似的城垣，還是用青磚砌築成大跨度的拱門，以及用石雕篆刻的建築裝飾，它傾注的都是當時代人民的血汗，這充分展示了當時工匠們的藝術才華。萬里長城自秦始皇之後，許多朝代的帝王都非常注意修整完善。雖然各個朝代的長城大多殘缺不全，但現在我們能看到的比較完整的是明代修建保留下來的。我們現在所談的長城，主要指的是明長城。

明朝時，為了防禦蒙古騎兵南下騷擾，從明太祖起，先後花了將近 200 年的時間陸續修築了一道東起鴨綠江，西至嘉峪關，蜿蜒 6,000 多公里的長城。明長城東部的險要地段，大都是用條石和青磚砌成的，工程十分堅固，目前也保存得較為完好。山海關、嘉峪關東西對峙，氣魄雄偉，是世界建築史上的一個奇蹟。

秦代以來無論哪個時期，牆身都是長城的主要組成部分，也是防禦敵人的主要部分。為節約人力，最大效能地發揮城牆的作用，凡是重要的地方城牆構築得就比較高，普通的地方構築得要低一些。長城的牆身總厚度較寬，平均有 6.5 公尺，上面的地坪寬度平均也有 5.8 公尺，能保證讓兩輛輜重馬車並行通過。牆的結構一般也是根據當地的氣候條件而定的，主要有夯土牆、土坯壘砌牆、青磚砌牆、石砌牆、磚石混合砌築牆、條石牆、泥土連接磚牆等。

長城不僅是一座氣勢磅礡的宏偉工程，而且也是一座藝術非凡的文物古蹟，也代表著是中國古代智慧堅強、勤奮開拓進取精神的表現。

洛陽白馬寺

白馬寺，建於東漢時期，位於河南省洛陽市以東 12 公里處，是佛教傳入中國後興建的第一座寺院。這座寺院為什麼要以白馬來命名呢？

相傳漢明帝時，一天晚上，他做了一個奇異的夢，夢見一個身高六丈、背項發光的金人從西方飛來。明帝不知此夢是吉是凶，第二天他問朝臣，夢中的金人是什麼？有個叫傅毅的大臣叩首答道：夢見的金人是西方（天竺）的神，稱為佛。於是，明帝就派蔡愔（ㄧㄣ）、秦景等人赴天竺求佛法。3 年後，他們回來時還請來了兩位高僧攝摩騰、竺法蘭，並用白馬馱載佛經、佛像來到洛陽。明帝非常高興，為顯示佛教地位的尊貴，就令人在洛陽雍門外 1.5 公里御道之南建寺存放，兩位高僧也住在裡面，取名叫白馬寺。據說此寺是仿照印度祇園精舍的樣式建造的。

白馬寺建成之後，中國的「僧院」就泛稱為「寺」，白馬寺也因此成為中國佛教的發源地，有中國佛教的「祖庭」之稱。東漢時，白馬寺占地面積約為 200 畝，建築規模極為雄偉，後因數度戰亂，古建築所剩無幾。現在寺內的建築、雕塑、碑刻等，多是元、明、清時期的遺物。

洛陽白馬寺

白馬寺包括五重大殿、四個大院及東西廂房。最前面是寺門，寺門由並排的三座拱門組成。寺門外，分別有一對石獅和一對石馬站立左右。尤其是兩匹石馬，大小和真馬相當，形象溫和馴良。寺門內東西兩側分別為迦葉摩騰和竺法蘭二僧的

墓。五重大殿由南向北依次為天王殿、大佛殿、大雄殿、接引殿和毗盧殿，這些大殿坐落在一條筆直的中軸線上，每座大殿裡都有很多雕塑，多為元、明、清時期的作品，皆是藝術品中的傑作。如天王殿，正中放置著木雕佛龕，龕頂和四周共有 50 多條姿態各異、栩栩如生的貼金雕龍，龕內還供奉著彌勒佛像。他開口大笑，赤腳趺坐，形象生動有趣，令人忍俊不禁。殿內兩側還有威風凜凜的四大天王，他們是佛門的守護神。彌勒佛像後面是韋馱天將，他是佛教的護法神，昂首佇立，充分顯示著佛法的威嚴，此外，兩旁的東西廂房則左右對稱。寺內的整個建築宏偉肅穆，布局嚴整。寺內還有 40 多處碑刻，是寺內的重要古蹟，這對研究寺院的歷史和佛教文化有著非常重要的參考價值。

此外，寺內還保存了大量元代用干漆製成的佛像，如三世佛、二天將、十八羅漢等，這些佛像都相當珍貴。特別是大雄寶殿的佛像，是洛陽現存最好的雕塑。

李春與趙州橋

說到趙州橋，歷史上還有一段美麗的傳說。

相傳趙州橋是魯班用一夜時間在趙州城南郊河上建成的一座大石橋。這座大橋建成後，八仙之一的張果老很好奇，不相

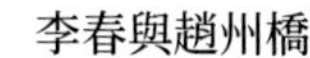

信魯班有如此大的本事。一天，他倒騎著毛驢直奔趙州郊河而來，想一探究竟，半路上，他又碰到了興沖沖地推著車去趕熱鬧的柴王爺。他們一起來到趙州郊河畔，看到的趙州橋果然是名不虛傳，猶如蒼龍飛架、新月出雲，又似長虹飲澗、玉環半沉，絕妙無比。為了不讓魯班產生驕傲自滿的心理，他們決定考驗一下魯班。他們來到橋頭，正巧碰上了魯班，於是就問道：這座大橋是否經得起他倆一起走。魯班聽後，心想：這座橋，千軍萬馬都能過，何況是兩個人呢？於是就請他倆上橋。誰知，張果老轉身一施法術，褡褳裡竟裝上了太陽、月亮，柴王爺的小車也載上了「五嶽名山」。由於載重猛增，他們還沒有走到橋頂，大橋就被壓得搖晃起來。魯班一看，情況不妙，急忙跳進河中，用手使勁撐住大橋東側。這樣才使他們平安地走過了趙州橋。據說因為魯班用勁太大，大橋東拱圈下還留下了他的手印，橋上還有驢蹄印、車道溝印。當時的人們編造這樣一個神話故事，就是為了紀念古代的能工巧匠。

其實，趙州橋的真正建造者是李春，他是隋代傑出的工匠。

趙州橋原名安濟橋，位於今河北省趙縣城南五里的洨河上，是中國現存最早的大型石拱橋，也是世界上現存最古老、跨度最長的圓弧拱橋。這座石拱橋全部是用石塊建成的，全長50.83公尺，寬9公尺，主孔淨跨度為37.02公尺，共用1,000多塊石塊，每塊石塊重達1,000公斤。這座橋的設計很科學，雖然跨度很大，但橋面平緩，非常便於車馬負重行走，不僅如此，橋的造型也很美觀。橋的大拱兩端各有兩個小拱，既可以加大排水面積，減少洪水對橋身的衝擊，又能夠減輕橋身重量和對橋基的壓力。大小拱搭配均勻，整座橋顯得輕盈秀美。另外，在橋兩側的欄杆上還雕刻著龍形花紋，有游龍、對稱雙龍、蛟龍穿岩等。龍的形態各異，有的纏繞回盤，有的蹲坐伸爪，有的張目怒視，活靈活現，若飛若動。橋上的這些石雕，靈巧精美，刀法古樸蒼勁，動感十足，是石雕藝術中的精品，顯示出中國古代工匠們的高超工藝，也充分展示了工匠在橋梁建造方面的豐富經驗和智慧。700 多年後，歐洲才建成了類似的橋。

趙州橋已經經歷了 1,400 多年的風雨，至今仍然堅固地屹立在洨河上。

趙州橋

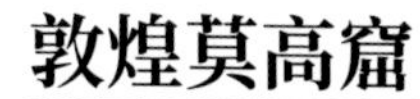

敦煌莫高窟

北朝時，為了宣揚佛教，統治者命令大肆開鑿石窟、雕刻佛像，出現了兩大著名石窟 —— 山西大同的雲岡石窟和河南洛陽的龍門石窟。而石窟藝術得到空前發展是在隋唐時期，最著名的就是甘肅敦煌莫高窟，它以精美的壁畫和雕塑聞名於世。

莫高窟坐落於今甘肅西部敦煌城東南 25 公里鳴沙山東麓的崖壁上，南北長約 1,600 公尺。莫高窟在唐代時得到很大擴展，到武則天時已修建了 1,000 多個佛龕，所以又叫千佛洞。唐代時這裡的地名叫「莫高里」，因此又稱為「莫高窟」。它創建於前秦時期，歷經十六國、北朝、隋、唐、五代、西夏、元等歷代的陸續興建，有雕塑、壁畫的窟 492 個。其中包括壁畫 4.5 萬平方公尺、泥質彩塑 2,415 尊，這是世界上現存規模最宏大、保存最完好的佛教藝術寶庫。

敦煌莫高窟中壁畫的內容豐富多彩。在洞窟的四壁和頂部，繪滿了絢麗多彩、形象生動的壁畫，宛如一座大型的繪畫館。壁畫展示的主要是佛教故事，如釋迦牟尼的本生、因緣，各類經變畫，眾多佛教東傳故事畫、神話人物畫等，每一類故事都有豐富、系統的材料。敦煌莫高窟北魏第 257 窟西壁就根據《佛說九色鹿經》即《六度集經》卷六，描繪了一個大家熟知的九色鹿的佛教故事。壁畫透過一些情節，展現了一個能淨化人心靈的動人故事：從九色鹿救人、溺水者行禮，到被救者忘恩負義、貪圖富貴，到國王處告密，國王率人捕殺九色鹿、九色鹿向國王陳述事情經過，再到惡人遭到報應等故事情節，構成了一個完整的畫面，讓人們透過完整淒美的故事情節去體會真善美的偉大和假惡醜的卑劣。故事也深刻地揭示了佛教思想中的善惡業報輪迴觀念，即所謂的善有善報、惡有惡報。此外，壁畫還涉及印度、西亞、中亞等地區，可幫助人們了解古代敦煌及河西走廊的佛教思想、宗派，佛教與中國傳統文化的融合，佛教中國化的過程等。另外，還有許多壁畫是描繪隋唐時期社會的繁榮景象。壁畫中的飛天，和身披飄拂長帶、凌空起舞，反彈琵琶、載歌載舞的仙女等，都是敦煌壁畫的代表作。

敦煌壁畫

敦煌莫高窟還是一座大型的雕塑館。其中的彩塑是主體，有佛、菩薩、天王、金剛、神等 2,000 多尊姿態各異的雕塑。有的沉思、有的微笑、有的威嚴、有的勇猛，活靈活現，富有藝術魅力。最大的佛有 34.5 公尺高，最小的僅 2 公分左右，題材之豐富和雕塑技藝之高超，堪稱佛教彩塑博物館。在第 17 窟裡有唐代河西都統的肖像塑以及持杖近侍等雕塑，都唯妙唯肖，這是中國最早的高僧寫實真像之一，具有很高的藝術價值，也成為很重要的史料。莫高窟能把雕塑與壁畫充分凝結為一體，相融映襯，相得益彰，無愧於「世界藝術寶庫」的稱號。

莫高窟裡不僅有大量精美的壁畫和無數形象生動的彩色雕塑，而且保存了大量的佛經、文書等珍品，因此被譽為 20 世紀最有價值的文化發現，又被稱為「東方羅浮宮」。

布達拉宮

布達拉宮位於西藏拉薩西北郊的布爾日紅山上，是著名的宮堡式建築群，也是藏族古建築藝術的精華，被譽為「世界屋脊的明珠」。

藏族人民信奉佛教，布達拉宮是當地人民心中的聖山，布達拉在藏語裡有普陀之意。布達拉宮建於 7 世紀，是當時吐蕃的贊普松贊干布專為遠嫁吐蕃的唐朝文成公主建造的。整個宮堡建築依山修建，規模宏大，巍峨壯觀，最高處海拔為 3,767.19 公尺，它是世界上海拔最高的古代宮殿，占地面積約 36 萬平方公尺，高 177.19 公尺，其建築面積約 13 萬平方公尺，一共由 999 間房屋組成。宮宇主樓有 13 層，全部為石木結構，其中宮頂覆蓋著鎏金銅瓦，金碧輝煌，被譽為高原聖殿，藏語稱為「贊姆林堅吉」，意思是價值能抵得上半個世界。

布達拉宮分成紅宮、白宮兩大部分。紅宮居中，兩翼是白宮，紅白相間，布局嚴謹，錯落有致，具有強烈的藝術感染力。紅宮主要用於供奉佛像和處理宗教事務，其中安放著裝有前世達賴喇嘛遺體的靈塔。在這些靈塔中，以五世達賴喇嘛的靈塔最為壯觀。紅宮內的西有寂圓滿大殿是布達拉宮最大的殿堂，殿內壁上繪滿了壁畫，其中以五世達賴喇嘛到京城覲見清順治皇帝的壁畫最著名。白宮是達賴喇嘛坐床、生活起居和政治活動的主要場所，高 7 層。其中位於第 4 層中央的東有寂圓滿大殿，是白宮內最大的殿堂。布達拉宮也由此成為西藏政教合一的統治中心。

布達拉宮分成紅宮、白宮兩大部分。紅宮居中，兩翼是白宮，紅白相間，布局嚴謹，錯落有致，具有強烈的藝術感染力。紅宮主要用於供奉佛像和處理宗教事務，其中安放著裝有前世達賴喇嘛遺體的靈塔。在這些靈塔中，以五世達賴喇嘛的靈塔最為壯觀。紅宮內的西有寂圓滿大殿是布達拉宮最大的殿堂，殿內壁上繪滿了壁畫，其中以五世達賴喇嘛到京城覲見清順治皇帝的壁畫最著名。白宮是達賴喇嘛坐床、生活起居和政治活動的主要場所，高 7 層。其中位於第 4 層中央的東有寂圓滿大殿，是白宮內最大的殿堂。布達拉宮也由此成為西藏政教合一的統治中心。

布達拉宮

布達拉宮內還收藏和保存著大量的歷史文物，其中有 2,500 多平方公尺的壁畫，有近千座佛塔、上萬座雕塑、上萬幅唐卡（捲軸畫）和珍貴的經文典籍，還有明、清兩代皇帝封賜達賴喇嘛的金冊、玉冊、金印，以及金銀器、玉器、瓷器、琺瑯、錦緞品和工藝珍玩等，它們見證了當時的西藏地方政府與中央政府的關係。這些文物絢麗多彩，使整座宮殿顯得富麗堂皇。

布達拉宮建築群樓重疊，是集宮殿、城堡、陵塔和寺院於一體的宏偉建築，它不僅是宗教藝術的寶庫，而且也是漢藏藝術交流融合的結晶。它堪稱是一座建築藝術與佛教藝術融合的博物館。

孔廟大成殿

孔廟又稱文廟，是供奉和祭祀孔子的地方，而大成殿則為孔廟的正殿。

孔子是春秋時期著名的思想家、教育家，是儒家學派的創始人。孔子思想的核心是「仁」，強調統治者要「仁者愛人」。漢武帝時，儒家思想成為封建社會的正統思想，在孔子死後的 2,000 多年裡，特別是科舉制度誕生後，歷朝歷代統治者對孔子的尊崇也逐步升級，在各地修建孔廟。比較著名的大成殿有河北正定文廟大成殿、山東曲阜孔廟大成殿、南京夫子廟大成殿。其中山東曲阜孔廟大成殿是中國祀孔廟堂中規模最大的一座。

曲阜孔廟位於曲阜城區的中心，又叫至聖廟，它的建築規模宏大、雄偉壯麗、金碧輝煌，是中國最大的祭孔要地。在孔子死後第二年（前 478 年），魯哀公將孔子故宅改建為孔廟。

孔廟大成殿

大成殿是曲阜孔廟的正殿，也是孔廟的核心建築。它在唐代稱為文宣王殿，共由五間房組成。宋天禧二年（西元 1018 年）進行大修繕時，將其移到今天的位置，並擴建為七間房屋。「大成」二字出自《孟子》一書：「孔子之謂集大成。」「大成殿」是宋崇寧三年（西元 1104 年），宋徽宗趙佶下詔賜名的匾額，意思是讚頌孔子的思想是空前絕後、完美無缺的，是古代聖賢思想的集大成，不幸的是北宋時毀於戰火，現在所看到的大成殿為明代建築，清代又重修。大成殿面寬九間，深五間，殿高 24.8 公尺，長 45.69 公尺，寬 24.85 公尺，坐落在 2.1 公尺高的殿基上，為全廟最高建築。這座金黃色的大殿重檐九脊，雕梁畫棟，黃瓦覆頂，氣勢宏偉，八斗藻井飾以金龍和璽彩圖，雙重飛檐正中豎匾上刻著清雍正皇帝御書的「大成殿」三個貼金大字。

最引人矚目的是前檐的 10 根深浮雕龍柱，柱高 5.98 公尺，每柱兩龍對舞，一條扶搖直上，一條盤旋而降，中刻雲焰寶珠，下飾蓮花石座，柱腳襯以山石和洶湧的波濤。10 根龍柱兩兩相對，雕刻玲瓏剔透，神態各異，龍姿栩栩如生，在陽光照射下，似祥雲中的蛟龍盤繞升騰，讓人看後嘆為觀止，堪稱石刻藝術中的瑰寶。其雕刻藝術價值之高，就連故宮金鑾殿裡的貼金龍柱也不能與之媲美。據說自漢高祖劉邦到清高宗這千餘年間，有 12 位帝王先後 19 次親臨曲阜孔廟祭孔。每當皇帝來此朝聖時，當地的官員都不敢讓皇帝看到，事先總是要用紅綾黃綢將龍柱纏裹起來，唯恐皇帝看到後，會因其規格超過皇宮而降罪。到清乾隆時，他認為孔子比帝王更應該受到尊崇，所以明令禁止在龍柱上纏裹紅綾黃綢，然而當乾隆來曲阜祭孔，真正見到龍柱時，也被深深地震撼了。

大成殿正中高懸著「至聖先師」的巨匾，其下的神龕上貼金雕龍，殿內供奉的是孔子的彩繪雕塑。在孔子雕塑兩旁還立有四人，即復聖顏回、述聖孔伋、宗聖曾參和亞聖孟軻。大成殿東西兩側的兩廡內，還供奉著後世儒家的一些著名先賢，如董仲舒、王陽明等，到清末共有 147 人。現在兩廡中陳列著歷代石刻、碑刻，都是世上難尋的珍寶。

大成殿是曲阜孔廟的主殿，後設寢殿，仍是前朝後殿的傳統形式，具有鮮明的東方建築特色，前庭中設壇，周圍環植杏

樹，故稱杏壇。這座富麗新穎的杏壇，是孔子講學的地方，後世將它改為孔廟正殿。宋真宗末年，增擴孔廟，將正殿後移，於正殿舊址上修起了杏壇，後來，金代在壇上建亭，明代又改建成重檐十字脊亭，逐漸形成現存的杏壇。大成殿的建築藝術，充分顯示了當時建築的聰明才智。

整個大成殿氣勢雄偉，規模宏大，金碧輝煌，群龍競飛。因此，孔廟大成殿與故宮太和殿、泰山岱廟天貺殿並稱為東方三大殿。

故宮太和殿

你知道被譽為世界五大宮是什麼嗎？北京的故宮就是其中之一，此外還有法國凡爾賽宮、英國白金漢宮、美國白宮和俄羅斯克里姆林宮。故宮造型別緻，玲瓏剔透，是中國古代建築的驕傲，而故宮中的傲人建築當屬太和殿。

太和殿俗稱「金鑾殿」，位於北京故宮的中心部位，是故宮外廷三大殿中最大的一座，是中國古代宮殿建築之精華，也是中國現存最大的木結構大殿。

太和殿是明朝永樂十八年（西元 1420 年）建成的，命名為奉天殿，明嘉靖四十一年（西元 1562 年）改稱皇極殿，清順治二年（西元 1645 年）改為太和殿，一直沿用至今。太和殿建成後屢遭焚燬，歷經多次重建，現在所見到的大殿為清康熙三十四年（西元 1695 年）重建後的形式。

太和殿建在高約 5 公尺的漢白玉臺基上，臺基四周矗立著成排的雕以雲龍雲鳳圖案的石柱，這是宮殿內最大的建築。太和殿高 35.05 公尺，東西長 63 公尺，南北寬 35 公尺，面積 2,380 多平方公尺。太和殿面寬 11 間，進深 5 間，其上為重檐廡殿頂，五脊四坡，從東到西有一條長脊，前後各有兩條斜行垂脊，檐角有 10 個走獸作為裝飾鎮瓦。這為中國古建築史上之特例，是封建王朝宮殿等級最高的形式，代表著帝王唯我獨尊、至高無上的身分。這些走獸的裝飾使古建築更加雄偉壯觀，富麗堂皇，充滿藝術魅力。

太和殿前有寬闊的平臺，俗稱「月臺」。月臺上陳設著古代的計時器日晷、量器嘉量各一個，二者都是皇權的象徵。此外還有銅龜、銅鶴各一對，銅鼎 18 座。龜、鶴為長壽的象徵。殿下為高三層的漢白玉石雕基座，中間石階雕有蟠龍，襯托以海浪和流雲的「御路」，周圍環以欄杆。欄杆下安有排水用的石雕龍頭，每逢雨季，可呈現千龍吐水的奇觀。

太和殿檐下施以密集的斗栱，室內外梁枋上飾以級別最高的和璽彩畫。門窗上部嵌有菱花格紋，下部為浮雕雲龍圖案，接榫處安有鐫刻龍紋的鎏金銅葉。殿內是特製的金磚鋪地，因而得名金鑾殿。太和殿有 72 根直徑達 1 公尺的罕見楠木大柱，支撐其全部重量，其中圍繞皇帝寶座兩側的是 6 根用瀝粉金漆的蟠龍柱。殿內正中央掛著乾隆皇帝的御筆「建極綏猷」巨匾，下面是做工考究、裝飾華貴、雕鏤精美的髹金漆雲龍紋寶座，寶座上的九條龍昂首矯軀，大有躍然騰空之勢，極為精美生動。寶座設在大殿中央七層臺階的高臺上，上方的蟠龍銜珠藻井，也罩以金漆，更顯「金鑾寶殿」的華貴。御座前還有造型美觀的仙鶴、爐、鼎，寶座後方擺設著七扇雕有雲龍紋的髹金漆大屏風，這足以象徵封建皇權的尊貴。

整個太和殿建築巍峨壯觀，雍容華貴，富麗堂皇，紅牆黃瓦，朱楹金扉，象徵著吉祥和富貴，以顯示皇帝的威嚴震懾天下。太和殿是故宮最壯觀的建築，也是現今中國最大的、保存最完整的木構殿宇，無論是從它的平面效果，還是從它的立體效果看，都堪稱無與倫比的建築傑作。

故宮太和殿

泰山岱廟天貺殿

泰山，歷來被尊為「神山」，無論是在帝王還是在普通百姓心目中，它都被賦予了特殊意義。在泰山南面有一座廟宇，名為「岱廟」，從漢代以來，是歷代帝王舉行封禪大典和祭拜山神的地方。而天貺（ㄎㄨㄤˋ）殿屬於岱廟的主體建築，因而又成為祭拜的重要地方之一。

天貺殿位於岱廟中軸線的中後部，是泰山神東嶽大帝的宮殿，裡面供奉著泰山神的主像。「泰山神」是道教所信奉的「百鬼之神」，總管天地人間的吉凶禍福，可主宰生死，因此歷朝歷代皇帝都十分尊敬泰山神。據記載，天貺殿始建於北宋。相傳北宋大中祥符元年（西元 1008 年）六月初六，有「天書」降於泰山，宋真宗於次年在泰山興建了天貺殿。其實，「天書」之事只不過是宋真宗假造的。元代重修時改稱「仁安殿」，明代重修後更名為「峻極殿」，民國初年仍稱「天貺殿」，並一直沿用至今。「天貺」即天賜的意思，也就是說這座殿是上天賜予的。

天貺殿採用「九五」之制，大殿面寬 9 間，進深 5 間。以這兩個數字組合的大殿在古建築中為數很少，象徵著帝王之尊。它的頂為重檐廡殿式，具有四坡五脊的特徵，這是古建築中最高等級的屋頂，是為符合泰山神五嶽獨尊的身分而設計的。殿的下部是斗拱承托，上面覆蓋著黃色的琉璃瓦。整座大殿建在高達 2.65 公尺，面積為 800 多平方公尺的長方形石臺之上，三面雕欄圍護。大殿長 48.7 公尺，寬 19.73 公尺，高 22.3 公尺，輝煌壯麗，峻極雄偉，展現著皇家權勢的氣派。民間傳說，岱廟的天貺殿和故宮的金鑾殿是一樣的，只是矮了三磚，而曲阜的大成殿又比天貺殿矮了三磚。

泰山岱廟天貺殿

重檐之間有塊豎匾，上書「宋天貺殿」。重檐歇山，彩繪斗拱，畫瓦蓋頂，檐下 8 根大紅明柱聳立在廊前，採用三交六椀菱花隔扇門窗。柱上有普柏枋和斗拱，紅色大檐柱明間和次間內槽頂設藻井，周圍施斗拱，其餘為方形天花板，上繪金色升龍，是漢族宮殿建築之精華，也是為後世子孫留下的寶貴的文化藝術財富。

天貺殿正中供奉的「泰山神」彩色雕塑，高 4.4 公尺，頭頂冕旒，以示大帝要明察秋毫，身著袞袍，手持青圭玉板，上雕日月星，下刻山海圖，表示泰山神具有上主天、下主地和主生又主死的神威。雕塑巧奪天工，栩栩如生，肅穆端莊，儼然帝君。神龕上懸掛著清康熙皇帝祭祀泰山神時所題「配天作鎮」的匾額，與此相對的明間大門內懸掛著乾隆皇帝題的「大德日生」巨匾。雕塑前陳列著明清帝王所賜的各一套銅五供，等級森嚴的金瓜、月斧、朝天登及龍頭拐杖等儀仗。在殿內的東、北、西三面牆壁上還彩繪有巨幅壁畫《泰山神啟蹕回鑾圖》，描繪了泰山神出巡迴鑾浩蕩壯觀的場面，是中國道教壁畫傑作之一，是珍貴的歷史文化遺產，具有極高的歷史、藝術和美學價值。

大殿前重臺高築，雕欄環抱，雲形望柱齊列，玉階曲回，氣象莊嚴，中間放著明代鐵鑄的大香爐和兩個宋代的大鐵桶，專為焚香和滅火，臺兩側有御碑亭，內豎立著乾隆皇帝謁岱廟時的詩碑，共有 8 首，是研究泰山封禪祭告的重要史料。古帝王封禪泰山，要先在岱廟內祭拜泰山神，然後再登山祭告。在孤忠柏西側的甬道下有一棵古柏，上有一向北的枯枝，宛如展翅欲飛的仙鶴，這是岱廟八景之一 —— 仙鶴展翅。天貺殿後面是後寢三宮，中為正寢宮，面寬五間，兩邊為配寢宮，各三間，是宋真宗為自己的皇后嬪妃修建的，由此可見宋神宗當時對此地的喜愛之情。

這座富麗堂皇的天貺殿，是一座偉大的建築藝術殿堂。整

座大殿雕梁彩棟，貼金繪垣，峻極雄偉。雖歷經數朝，但古貌猶存，充分體現了古人的聰明智慧和高超的建築技藝。

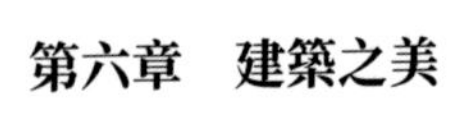

第六章　建築之美

第七章　農具之用

耒耜的發明

耒耜（ㄌㄟˇ ㄙˋ），是遠古時代的一種農具，是當時農具的統稱。它的形狀就像今天的木鏟，上面是直的木柄，下面是鏟頭，用以鬆土，可看作是今天犁的前身，今天仍有人把犁稱為耒或耒耜。

耒是一根尖頭木棍，加上一段短橫梁，就是耒的柄。使用時先把尖頭插入土壤，用腳踩住橫梁使木棍深入，然後翻出土來，改進的耒有兩個尖頭或有省力曲柄。最早的耒有木製的、石製的、骨制的和陶制的，後用金屬製成。

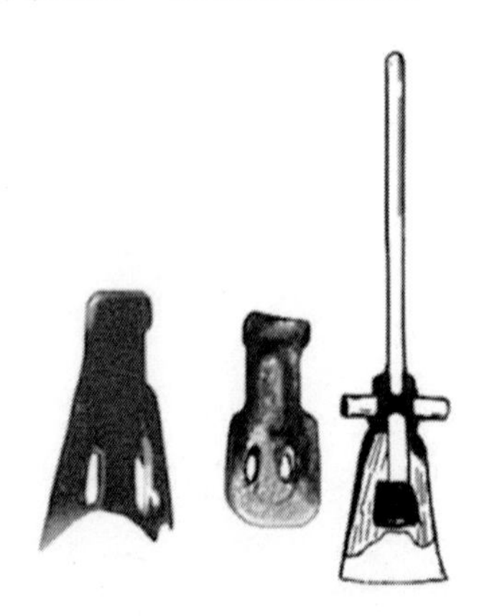

河姆渡出土的骨耜和裝有木柄的骨耜復原圖

耒耜是如何發明的？《禮．含文嘉》說，神農「始作耒耜，教民耕種」。傳說，炎帝和大家一起狩獵，來到一片林地。他看到，林地裡有一群兇猛的野豬在拱土，把長長的嘴巴伸進泥土裡，一撅一撅的，很快一片泥土就被翻鬆了。之後，野豬拱土的情形一直盤旋在炎帝的腦海裡。他反覆思索能不能依照豬拱土的樣子，做一件農具，可以既省時又省力地把要耕種的泥土翻鬆。炎帝發現如果在尖木棒下端橫著綁上一段短木，先把尖木棒插入泥土裡，再用腳踩在橫木上加力，然後再把木柄向身旁扳一扳，這樣尖木就會很輕鬆地將泥土撬起來了。皇天不負有心人，經過反反覆覆地不斷探索，炎帝終於輕鬆地耕翻出一片松地來，這使炎帝非常開心，但炎帝並沒有滿足，他一直在想，還有沒有更省力的辦法呢？後來在翻土的過程中，他還發現彎曲的耒柄比直的耒柄用起來更省力省時，於是他便將「耒」的木柄用火烤出彎度。這樣，當直柄變成曲柄後，翻土的效率大大提高，勞動強度也隨之大大減輕。為了進一步提高勞動效率，後來炎帝又將木「耒」加以改進，由一個尖頭變為兩個尖頭，這就是「雙齒耒」。

炎帝的這一改進，不僅使土地得到深翻，而且改善了土壤質地，並且將種植由按穴位間隔種植變成了沿線播撒種子，使穀物的產量大大增加，後來隨著部落的遷徙，改進後的耒耜農具很快傳播到了黃河流域和長江流域。耒耜的使用大大提高了耕作效率，耒耜的發明在中國農耕文化史上占有特別重要的地位。

最早的牛耕

中國是世界上最早使用牛耕的國家。牛耕技術的使用，是人類社會進入一定文明時代的重要標誌。

牛耕技術的使用，開始於春秋戰國時期。在這之前，古人在耕地時用的是耒耜，他們腳踏耒耜耕具，把鋒刃刺入土中，依次將土一下一下地崛起來，掘一下退一步。這種耕地的方法，不僅非常費力，而且效果也較差。傳說早在商代人們就用牛來駕車，後來他們又想到了用牛代替人來耕田。傳說夏朝時「后稷之孫叔均始作牛耕」。

牛耕圖

當時人們為什麼不使用牛耕田，原因之一就是在奴隸社會中，奴隸被看作是會說話的牲畜，使用奴隸比使用牛更便宜。

春秋時期，由於鐵農具的出現、生產力的提高，牛耕也逐漸被用於農業中。《國語 · 晉語》記載:「宗廟之犧為畎田之勤。」意思就是說，宗廟中用來祭祀的牛，已被用來耕田了。在《呂氏春秋》中也記載了這樣一則故事：大力士烏獲將牛的尾巴都拉斷了，牛卻絲紋不動，一個小孩走過來，牽著牛鼻環，牛反而乖乖地跟他走了。這說明，那時人們已經掌握了牛的習性，掌握了牽牛鼻子就能役使牛耕作的方法。另外，孔子有弟子姓冉，名耕，字子牛，晉國有個大力士，名字就叫牛子耕。牛與耕相連作為人名，不僅說明牛耕那時已經出現，而且表明春秋時用牛來耕田已是相當普遍的現象。

在《漢書 · 食貨志》中最早記載了牛耕的使用方法：「用耦犁，二牛三人。」就是說用二牛拉犁，三人輔助操作 —— 一人扶犁，一人牽牛，一人控制犁地的深度。漢代的牛耕技術在生產實踐中不斷得到改進。在西漢末年的墓葬中，還發現了二牛抬槓一人扶犁的壁畫，這說明當時人們已經掌握了用牛來控制犁的方向以及用犁來控制耕地深淺的技術，後來還出現了用一牛挽一犁的犁耕方法。這樣，用牛耕代替人耕田，不但解放了人力，大大節省了勞動力，而且也使耕作效率大大提高，推動了當時社會制度的變革。

牛耕的發明，是古人智慧的結晶，是農耕史上的一個極大的進步。牛耕技術從出現一直延續到 20 世紀末，在中國農村延續了兩千多年。現在隨著農業生產的機械化，牛耕在絕大多數的農村已隱退。但牛耕的出現，是農業發展史上的一次革命。

桔槔

桔槔（ㄐㄧㄝˊ ㄍㄠ），是中國古代汲水或灌溉用的簡單設備，是一種原始的汲水工具。早在商朝時，人們就開始使用它來灌溉農田了。

桔槔作「頡皋」，在《墨子．備城門》中有記載，是一種利用槓桿原理來取水的設備。在《說苑．反質》中記載了鄭國大夫鄧析對桔槔的結陶和工作效率較全面的描述。孔子的弟子子貢南遊楚國時，路過漢陰，看見一丈人抱甕入井出灌，就向前為其詳細介紹桔槔的製作和使用方法。

桔槔是根據槓桿原理製成的汲水或灌溉用的工具。它的製作過程是，先在一根直立的木質或石質的架子上，橫著綁上一根細長的桿子，支點在中心。使用時，在其橫長桿的中間，由豎木支撐或懸吊起來，橫桿的一端用一根直桿與汲器相連，末端綁上或懸掛一個重物，前段則懸掛上水桶。要汲水時，人們就可以用力將直桿與汲器往下壓，就會帶動另一端重物的位置上升。當汲器打滿水以後，又會帶動另一端重物下降，由於槓桿末端的重力作用，便能輕鬆地把水提拉到所需要的地方，從而大大減輕了人們提水時的沉重感。根據槓桿原理的作用，透過這樣一起一落，就可以較為輕鬆地汲水。這種原始的汲水工具，是中國古代社會的一種主要灌溉設備。

桔槔（《天工開物 · 水利》）

桔槔發明後，在春秋時期就已普遍使用了，而且延續了幾千年。桔槔這種簡單的汲水工具在今天來看雖然很簡單，但它的設計符合力學原理，使用上大大減輕了灌溉時的勞動強度。

鐵犁

鐵犁是傳統的耕翻農具，開始出現於戰國時期。

犁的始祖是耒耜，它的耕作效率較低。春秋戰國時期，隨著生產力的發展以及煉鐵和鑄造技術的提高，鐵犁出現了，它是和牛耕配套使用的。

戰國時期首先出現的是鐵犁鏵，又叫犁鑱、犁鏡，是安裝在犁床前端的切土起垡用的零件，有舌形、V形、梯形等不同的外形，夾角也有大小之分，基本上呈等腰三角形。使用時用牲畜或人力牽引，每天耕地2畝～3畝。此時的鐵犁鏵雖可以鬆土劃溝，但不能翻土起壟，作用尚有局限，然而「耒耜耕」的效率大大提高了。

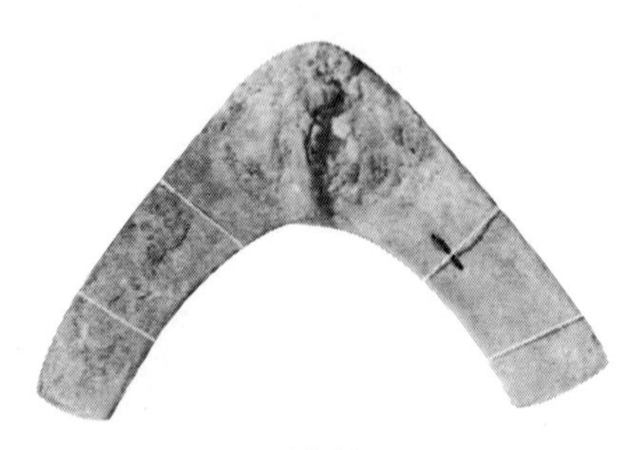

鐵犁

秦國的商鞅變法，推行富國強兵的政策，為提高糧食產量不斷擴大耕地面積，措施之一就是改進鐵犁形式，推行全鐵犁。其犁口鋒利化，堅固耐用。到漢代，鐵犁的結構與零件已

經基本定型，具備了犁架、犁頭和犁轅，用牛牽引，而且犁上還裝有犁壁，不僅能挖土，而且能翻土、成壟，用力少而見功多。

犁壁對於犁的作用極大，它是犁在土層的翻土部件，可將犁挖起的土輕輕地翻到一邊，使土堆成整齊的壟坎，更利於播種。犁壁與犁鏵之間的配合講究默契，由於鐵犁有著不同的形狀和角度，可將土翻成不同的形狀，如果有良好的犁壁，就可以將土塊壟得恰到好處，從而順利地開出又細又深的溝。可以說犁壁的出現，大大提高了翻地效率，不僅使鐵犁能鬆土、翻土、成壟、除草、滅蟲，而且還可以改善土壤中氣、水、肥的狀況，更利於農作物的生長。

鐵犁在 17 世紀傳入荷蘭以後，曾引發了歐洲歷史上的農業革命，標誌著人類社會發展進入一個新的階段，為世界農業的發展做出了巨大的貢獻。

耬車的妙用

耬車也稱作「耬犁」、「耩（ㄐㄧㄤˇ）子」，是一種播種用的農具，為現代播種機的前身，是農具史上了不起的發明之一。

耬車，是由種子耬箱和三腳耬管組成的。據東漢崔寔（ㄕˊ）《政論》記載：耬犁是漢武帝時農學家趙過創製的。在使用時，它的三個犁腳同時能播種三行。播種時以人或牲畜拉動耬車，一人挽犁，搖動耬車，耬腳在平整好的土地上開溝播種，種子順著耬腳撒入土中，同時進行覆蓋和填壓，可日種 1 頃。使用這種播種農具，能保證行距、株距始終如一，便於鋤耘、收割，省時又省力，播種速度大大提高，是當時最先進的播種農具。耬車試用後，漢武帝曾經下令推廣這種先進的播種農具，對西漢農業的生產發展起了巨大的推動作用。

耬車

不要小看這種播種工具，它的製作非常精細。在耬車的後下端開一個小洞，安置一個插銷，這樣就可以調整洞口的開合與大小，然後在插銷上綁一根細繩，並在繩上拴一個綁著枝條能活動的小石頭，枝條插在耬簍後的小洞裡。每當人或牲口拉動耬車前進時，隨著耬車的晃動，活動的小石頭也會左右晃動，並將耬簍子裡的種子撥動向下漏，這樣就完成了播種。

為了進一步提高耕作效率，後人又在此基礎上對耬車進行

了不斷改進。到元朝時，又出現了一種耬鋤，它是從漢代的耬車直接改進來的，和耬車非常相似，只是沒有耬斗而已。使用時用一牲畜拉著翻土，鐵鋤頭翻土的深度可達二三寸深，耕作速度大大提高。耬車除了改進為耬鋤之外，還被改進成了施肥的工具，成為下糞耬種。這種下糞耬種就是在原來播種用的耬車上再加上斗，斗中裝有篩過的細糞，播種時細糞就可以隨著種子一起漏下來，將糞覆蓋在種子上，造成施肥的作用。這種下糞耬種農具的使用，使開溝、播種、施肥、覆土等作業一次性完成，大大提高了耕種效率。

隨著時代的發展，耬車已漸漸退出了田野，淡出了人們的視線。它的出現，大大促進了當時農業的發展。同類的農具在英國直到 1731 年才出現，它的使用也被看作是歐洲農業革命的標誌之一。

風扇車

風扇車是一種能產生風或氣流的機械，也叫扇車、揚車或風車，發明於西漢，以人力為動力源，用於清除糧食中的糠、麩、秕（ㄅㄧˇ）、灰塵等雜質。

在中國歷史上，人類用以生產氣流的最早工具是扇子。西漢時，長安發明家丁緩在此基礎上發明了「七輪扇」。在一個輪軸上裝有 7 個扇輪，轉動輪軸則 7 個扇輪都旋轉鼓風，主要用於夏天人們乘涼降溫，這是中國最早的風扇。公元前 2 世紀，中國又發明了旋轉式風扇車，其結構是在一個輪軸上安裝若干扇葉，輪軸上亦裝有曲柄連桿，由人力驅動，以腳踏連桿使輪軸轉動，產生強氣流，這種旋轉式風扇車主要應用於農業上。將來自漏斗脫粒後的穀物，放在風道的末端，使之受到搖動風扇產生的氣流衝擊，把糠秕、碎稻稈和籽粒分開，飽滿結實的穀粒拋向空中然後落到地上，而糠秕雜物則沿風道隨風一起飄出風口被風吹走。西漢初期發明的風扇車，沒有特設的風道，因此，風扇產生的風是向四面流動的，屬於開放式風扇車。到了西漢晚期，古人又發明出閉合式的風扇車。明末清初科學家宋應星寫的《天工開物》一書詳細描述了這種風扇車的結構，在裝有輪軸、扇葉板和曲柄搖手的右邊，是一個特製的圓形風腔，曲柄搖手的周圍是圓形空洞，即進風口，左邊有長方形風道。來自漏斗的稻穀透過斗閥穿過風道，飽滿結實的穀粒落入出糧口，而糠、秕雜物則沿風道隨風一起飄出風口，這種風扇車在今天的偏僻農村中還一直在使用。

不要小看這項技術，英國科技史學家李約瑟博士認為，中國使用揚谷扇車至少要比西方早十四個世紀。到 18 世紀初，這項技術傳到歐洲，西方才有了揚谷扇車，比中國要晚兩千多年。李約瑟博士還認為：無論怎麼演變，中國旋轉式風扇車的一個驚人特點是，進氣口總是位於風腔中央，因而它是所有離心式壓縮機的祖先。

風扇車

馬鈞的翻車

翻車，是一種刮板式連續提水的機械，又叫龍骨水車，是中國古代農業灌溉機械之一。它是三國時期的馬鈞改進的。

馬鈞出身於貧寒之家，從小就不善言談，但他非常喜歡讀書，愛動腦思考問題，勤於動手設計製作，尤其喜歡鑽研機械製造方面的難題。馬鈞長大後，在魏國的都城洛陽城裡做了一個小官。一天他在考察時發現，洛陽城內有一大塊坡地，老百姓很想在那裡種蔬菜和糧食，但因為那裡的地勢較高，無法引水澆地，因而這塊地一直荒廢著，馬鈞為此深感惋惜，之後他一直在思索，能用什麼辦法來解決該地的引水問題呢？他經過無數次的研究、試驗，最終製造出一種新式翻車，又稱龍骨水車。這樣就可以把河裡的水引到坡地裡，老百姓想種菜種糧的難題終於解決了。該車的設計非常精巧，灌溉時可以連續不斷地提水，把汲來的水自動流到地裡。翻車裡外轉動，效率超過平常水車的 100 倍。更難得的是，這種翻車使用時輕快省力，連老人、兒童都能轉得動，所以翻車問世後，深受百姓歡迎，在民間很快流傳開來，並迅速得到推廣和使用，從而提高了抗旱能力，大大促進了農業生產的發展。在人類發明水泵之前，翻車是世界上最先進的提水工具。

腳踏翻車

馬鈞製造的翻車，是對中國古代灌溉工具的重大革新。他是在前人創造的用來汲水灑路的翻車的基礎上，不斷加以改進完善的，這種翻車可以用腳踏、水轉或風轉來驅動。在製作翻

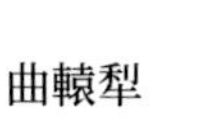

車時，用龍骨葉板作鏈條，臥於矩形木板長槽中，木槽上下兩端各有一個帶齒木軸，車身斜置在河邊或池塘邊中。木槽中放置數十塊與木槽寬度相稱的刮水板，刮水板之間由鉸關依次連接，首尾銜接成環狀。下鏈輪和車身一部分浸入水中，驅動鏈輪，葉板就會沿著木槽刮水上升，到達長槽的上端就會將水自下而上送出。如此連續循環運作，就可以把水輸送到需要的地方。馬鈞製造的翻車透過鏈傳動不僅可以連續不斷地取水，大大提高了功效，而且還可以根據自己的需要隨時轉移取水點，翻車搬運也很方便。透過鏈傳動做功的翻車，是農業灌溉機械的一項重大改進，它在今天也發揮著一定的作用。

曲轅犁

曲轅犁是一種輕便的耕犁，為和之前的直轅犁區分，故名曲轅犁。它最早出現於唐代後期的太湖流域，因古時那裡稱江東，又稱「江東犁」，它的出現是耕作農具成熟的標誌。

曲轅犁

在春秋戰國以前，耒耜是主要的耕作工具。隨著生產力的發展，從春秋戰國開始，使用畜力牽引的耕犁才逐漸在一些地方普及使用。唐朝之前使用的直長犁都比較笨重，回轉困難，耕地比較費力費時。唐朝時，古人在長期的生產實踐中終於發明了曲轅犁。

據晚唐著名文學家陸龜蒙的《耒耜經》記載，曲轅犁由 11 個部件組成，即犁鑵、犁壁、犁底、犁鑱（ㄔㄢˊ）、策額、犁箭、犁轅、犁梢、犁評、犁建和犁盤。曲轅犁和以前的耕犁相比，有三處重大改進。首先是將直轅、長轅改為曲轅、短轅，舊式犁長一般為今天的九尺左右，前及牛肩，曲轅犁長合今天的六尺左右，只及牛後。這樣犁架就會變小，重量減輕，便於調頭和回轉，操作靈活，節省人力和畜力。另外由舊式的二牛抬槓變為一牛牽引，而且由於占地面積較小，這種犁特別適合在江南水田使用，其次是在犁上加裝了犁評。由於犁評厚度逐級下降，推進犁評，使犁箭向下，犁鑱入地較深，拉退犁評，使犁箭向上，犁鑱入地變淺，可適應深淺耕作的不同需要，最後的改進在犁壁上。唐朝時曲轅犁的犁壁呈圓形，因此又稱犁鏡，可將翻起的土推到一旁，以減少前進的阻力，而且能翻覆土塊，以斷絕草根的生長。曲轅犁出現後，在各地逐漸推廣，成為當時世界上最先進的耕具。

由此可見，唐代曲轅犁具有結構合理、使用輕便、回轉靈

活、節省勞動力、提高勞動效率等特點，它的出現標誌著傳統的中國犁已基本定型。除此之外，曲轅犁的設計不僅十分精巧，技術精湛，而且蘊含著一定的審美情趣。犁轅有著優美的曲線，犁鏵有菱形的、V 形的，呈現出一種對稱美，給人以舒適、莊重之感。在造型上，曲轅犁上下之間構成的輕重關係，也給人以穩重的感覺。曲轅犁木材的顏色呈現的是冷色調，而且鐵的顏色也是冷色調，整體視覺上達到了平衡嚴肅的感覺。所以，曲轅犁在滿足使用功能的同時還具有良好的審美價值。

唐代曲轅犁的問世，標誌著生產力發展到一定水準，推動了唐朝農業的發展，具有重要的歷史意義、社會意義。

筒車

筒車，又稱「水轉筒車」，是一種以水流作動力取水灌田的工具。

據史料考證，筒車是唐朝時創製出的新的灌溉工具，距今已有 1,000 多年的歷史。它隨著水流自行轉動，竹筒就會把水由低處汲到高處，非常便於灌溉。這種靠水力自轉的古老筒車，在田間地頭構成了一幅幅美麗的田園春色圖。

筒車是用竹子或木頭製作而成的。先做一個大型立輪，用圓木製成滾筒將其架起，再在滾筒上安裝幾十根骨架，起支撐連接的作用。圓輪的周圍斜裝著許多中空、斜口的大竹筒或小木筒，把這個轉輪安裝在溪流上，讓它下面的一部分浸入水中，受水流的衝擊，輪子自行轉動。隨著水流的衝擊，當輪子周圍斜掛的小筒沒入水中時就盛滿溪水，隨著輪子的旋轉而上升，由於筒口上斜，筒內的水也不會流出來。當立輪旋轉 180 度時，小筒就已經平躺在立輪的最高處了，進而筒口就會下傾，盛滿的水隨之就由高處泄入淌水槽，流入岸上的農田裡。

筒車

筒車在做功時，竹筒或木筒就造成了葉輪的作用。它要承受水的衝力，並用獲得的能量讓筒車旋轉起來。當竹筒或木筒旋轉過一定角度時，原先浸在水裡的竹筒灌滿水後，隨著輪子的旋轉將離開水面被提升起來。此時，由於竹筒的筒口比筒底

的位置高，竹筒裡會存放一些水。當竹筒越過筒車頂部後，筒口的位置就低於筒底，竹筒裡的水就會倒進水槽裡，當筒車旋轉太慢，或者汲不起水時，就要在筒車上裝一些木板或竹板，這樣筒車就會從水中獲得更多的動能，恢復正常的運轉。也可以調整筒車的位置，將它浸入水中更深一些，這樣竹筒出水時的位置就會與筒車軸線之間形成更大的角度，筒口與筒底的高度差增大，竹筒內存下更多的水，灌溉的效率就會大大增加。如此往復，利用水力運轉的原理，讓竹筒循環提水，流水自轉導灌入田，不用人力就可以順利完成。

筒車的發明，對於解決岸高水低、水流湍急地區的灌溉有著重大意義。這種自轉不息、終夜有聲的灌溉工具，大大節約了人力，使農田得到充分的澆灌。這種筒車，一晝夜可以灌溉百畝以上農田，大大提高了灌溉效率，促進了農業的大發展。

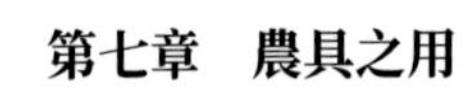

第七章　農具之用

第八章　手工業之妙

冰鑑

冰鑑是中國最原始的冰箱。戰國時期出土的銅冰鑑，是迄今為止世界上發現最早的冰箱。

「鑑」就是個盒子。冰鑑是古代盛冰的一種容器。首先將冰塊放入盒子裡面，再將美味佳餚放在冰的中間，就可以造成防腐保鮮的作用，同時還可以散發出涼氣。可見，冰鑑算得上是中國的冰箱之祖了，具有現代冰箱、空調的功能。

冰鑑

在古書《周禮．天官．凌人》中記載：「祭祀供冰鑑。」這說明周代已經有了原始的冰箱，只不過那時的冰是彌足珍貴的。在《詩經》中就有關於奴隸們冬日鑿冰儲藏，夏季供貴族們飲用的記載。

冰鑑大多是用木頭或青銅器製成的箱子，形狀多為大口小底，從外面看很像個斗形，裡面由鉛、錫做成，底部有泄水小孔，結構類似於木桶。冰鑑箱體兩側設有提環，頂上有兩塊蓋板，上面留著兩個孔，既是扣手，又是冷氣散發口。為便於取放冰塊和食物，在冰鑑底部還配有箱座，有四隻動感很強、穩健有力的龍首獸身的怪獸支撐著冰鑑的全部重量。這四個龍頭都向外伸著，獸身則以後肢蹬地作匍匐狀。在這些龍的尾部還有小龍纏繞著，並有兩朵五瓣的小花點綴在尾上，足以看出冰鑑的新穎、奇特、精美。

冰鑑不僅外形美觀，而且設計十分精巧科學。頂上兩塊蓋板中的一塊固定在箱口上，另一塊則是活板。每當酷暑來臨時，就將活板取下，冰鑑內放入冰塊，把將要使用的新鮮瓜果或酒餚置於冰上，方便隨時取用。冰鎮後的食物味道乾爽清涼，用後暑氣頓消，讓人覺得十分愜意。由於錫的保護作用，冰融化後不至於侵蝕木質的箱體，反而能從底部的小孔中滲出，增加了箱體的使用壽命。冰鑑的核心是設計奇巧、鑄造精工的鑑缶（ㄈㄡˇ）。鑑缶是由盛酒器尊缶與鑑構成的，方形的尊缶放置在方鑑的正中，方鑑上是帶有鏤孔花紋的蓋，蓋中間的方口正好套住了方尊缶的頸部。在鑑的底部還設有活動機關，又把尊缶牢牢地固定住。在設計時給鑑與尊缶之間留下了較大的空隙，主要是方便夏天盛放冰塊、冬天盛放熱水。

冰鑑不僅有雙層的方形器皿，能冷熱藏酒，功能兼備，而且鑄造工藝精湛，極具藝術珍藏價值，同時也向我們展示了古代生活豐富多彩的一面。

墨斗

墨斗是木工彈線用的工具，因墨線頂頭有個線墜，又叫「班手」，意思就是魯班的手。

俗語說：「木尺雖短，能量千丈。」用尺子在木頭上怎麼也劃不出一條筆直的線來，這使魯班在做木工活時非常傷腦筋，他整天冥思苦想，不得其解。傳說有一天，他的母親正在剪裁和縫製衣服，她用一個小粉末袋和一根線先印出所要裁製的形狀，再去裁剪。魯班看了深受啟發，茅塞頓開。他很快做了一個墨斗，然後透過一根用墨斗浸溼的線，捏住線的兩端放到要製作的材料之上，就印出所需的線條了。起初，畫線需要由魯班和母親握住線的兩端才能完成，後來母親建議他可以做一個小鉤，繫在此線的另一端，這樣一個人就可以完成。為了紀念魯班的母親，至今仍稱這種墨斗為「班母」。

墨斗，顧名思義就是先在墨池內注入墨水，然後浸泡棉線，常用於鋸解前的下料放線，也可以用作測量垂直時的吊線。墨斗的這根墨線木匠們又叫它「宰殺檢」，墨線彈到哪裡，就得按照這條線下鋸拉開木頭，這是木匠必備的重要工具。

墨斗一般是用不易變形的硬質木材製成，多由木匠自己製作並使用。據說過去的木工學徒期滿時，師傅不是讓徒弟打一件成品的家具，而是必須要親自設計一個造型美、結構合理、做工精緻的墨斗，方能出師，因此墨斗裝飾多樣，各具特色，是一種極富有藝術審美性的木匠工具。墨斗是由墨倉、線輪、墨線（包括線錐）、墨簽四部分組成的。它前半部分是斗槽，後半部分是線輪、搖把。絲棉線浸滿墨汁後，裝於斗槽內，線繩通過斗槽，一端繞在線輪上，另一端與定針相連。使用時，先把定針紮在木料的前端，然後將線繩拖到木料的後端，用左手拉緊壓住，右手再把線繩提起來，鬆手回彈，就可以繃出墨線來了。墨簽是用竹片做成的畫筆，下端做成掃帚狀，彈直線時用它壓線，使墨線濡墨，這樣在畫短直線或記號時就能當筆來用了。

墨斗是中國傳統木工行業中極為常見的工具，主要用於木材表面畫線定位，距今已有 2,000 多年的歷史。

墨斗

古代的提花機

你知道嗎？在高科技迅速發展的今天，還有一種與數百年前一模一樣的織機仍在使用著，那就是提花機。

提花機又稱花樓，是一種提花設備，能在織物上織出精美的花紋，是中國古代織造技術最高成就的代表之一。早在商朝就有了手工提花機，戰國時期又出現了比較複雜的動物花紋提花技術，技藝已經非常高超，但此時的提花機由於張力有限，提花綜桿的數量受到了明顯的限制，所以織物的緯向花紋循環無法擴大，紋樣圖案的織造因而具有很大的局限性。而能織出宛如天上雲霞的「雲錦」則是到了東漢時期。提花機由 1,924 個機件構成，代表了中國古代織造技術的較高成就。

提花工藝技術源於原始的腰機挑花，通常採用一躡（腳踏板控制）一綜（吊起經線的裝置），織出簡單的花紋，而要織出複雜精美的花紋，就要增加綜框的數量。兩片綜框只能織出平紋組織，三到四片綜框就能織出斜紋組織，五片以上的綜框才能織出緞紋組織。要織出複雜、花形漂亮且較大的花朵來，就必須把經紗分成更多的組，於是多綜多組腳踏板的提花機就逐漸形成了。據《西京雜記》記載：漢宣帝時，河北鉅鹿人陳寶光的妻子曾用 120 個腳踏板牽動 120 條經線的提花機，織出了精美的蒲桃錦和散花綾，60 天織成了一匹，價值萬錢。

提花機

漢代雖然使用了提花機，並且染色技術也有了很大提高，能織出萬紫千紅、色彩美麗的雲錦來，但使用那麼多的綜透過人力帶動腳踏板來工作還是十分煩瑣的，因此三國時馬均把六十綜躡改為十二綜躡，並採用束綜提花的方法，這樣既方便了操作，又大大提高了工作效率。

絲綢之路開通後，提花機也隨之傳入西方，極大地推動了世界紡織技術的進步，尤其是英國工業革命的發展。不僅如此，現代電子電腦發展中程式控制與存儲技術的發明，也深受提花機工作原理的啟發。

當今為滿足時裝和戲服高檔面料的需求，雲錦木機妝花手工織造技藝仍在使用。由兩名織工共同操作，一個人提拽文樣花本，另一個人則盤梭妝彩織造，從而織出花紋美麗無比的雲錦來，這項技術被列入中國首批非物質文化遺產名錄。

水排的發明

一提到水排，很多人都有一個迷思，認為它是一種灌溉用的工具。那麼它到底是做什麼用的呢？下面就一起來探尋答案吧。

早在西漢時期的南陽（即今河南南陽），漢水的一個支流白河從該地流經。因此，這裡的水資源比較豐富，土地大多是由河泥淤積而成的平原，比較肥沃，再加上這裡氣候溫和，降雨量適中，農業發達，還興修了許多水利工程，這就迫使農民不斷改進農具。要製造出先進的農具，就必須有較高的冶鑄技術。當時人們在鑄造農具時，基本上是用人力或馬力拉動風箱冶鑄，耗時費力。到東漢初年，為了提高冶鑄業的效率，南陽太守杜詩經過多方實際考察，反覆潛心研究，最終發明了一種利用水力拉動風箱的工具，這就是後來的水排。水排不但節省了人力、畜力，而且鼓風能力更強，比以前用馬力來鼓風的效率提高了 3 倍，因此促進了冶鑄業的發展，得到百姓的廣泛讚譽。這是東漢時期冶鐵技術的重大創新。

杜詩創製的水排，當時缺乏史料的具體記載，後來直到元代農學家王禎在他的著作《農書》中，才對水排做了詳細的記述：先在湍急的河流岸邊，架起木架，然後在木架上再直立起一個轉軸，在轉軸的上下兩端各安裝一個大型臥輪。用水激轉下輪，那麼上輪就會用繩套帶動另一個小輪。在鼓形小輪的頂端安裝一個曲柄，曲柄上再安裝一個可以擺動的連桿，連桿的另一端與臥軸上的一個「攀耳」相連，臥軸上的另一個攀耳和盤扇間安裝一根相當於往復桿的「直木」。這樣，當水流衝擊下臥輪時，就會帶動上臥輪旋轉。由一個連桿和另一個曲柄傳到一個臥軸，經攀耳及排前直木的往復運動，使排扇一啟一閉，將風鼓進煉爐。漢代水排比較簡單，排橐（ㄊㄨㄛˊ）是當時的冶鑄鼓風器，外部用皮革製成，內部用木環作骨架，體上用吊桿掛起，以便推壓鼓風。簡單講水排的工作原理就是，在一橫軸的頂端，做一豎輪，然後在橫軸中間置一撥子，水激豎輪轉動橫軸，使木撥子推動連桿和一個曲柄及橐前的從動桿，使皮橐推壓鼓風。

冶鐵水排模型

南陽太守杜詩發明的水排，是以水力來傳動機械，使皮製的鼓風囊連續開合，將空氣送入冶鐵爐，用這種方法來鑄造農具，真的是用力少而見效快。除此之外，他還主持廣開田池，使郡內很快富庶起來，他因此有「杜母」之稱。

水排的利用，是中國領先世界的一項偉大發明，比歐洲早了 1,000 多年。

流光溢彩的唐代陶瓷業

唐代陶瓷器可謂是流光溢彩，水準高超。它的製作已蛻變到成熟的境界，從而跨入真正的瓷器時代，因為瓷器的製造此時與陶器製造完全分離，成為一個獨立的手工業生產部門。

瓷器的質地在於白、堅硬或半透明，最關鍵的是火燒的溫度。到了唐代，不但釉藥發展成熟，而且火燒溫度也能達到 1,000 度以上。越窯與邢窯是唐代的名窯。

唐代經濟的繁榮和科技的發展，推動了製瓷業的進步。唐代的瓷器無論從品種、造型，還是精細程度上都遠遠超越了前代。尤其是河北邢窯燒製的白瓷、浙江越窯燒製的青瓷，代表了當時瓷器的最高水準。杜甫在詠白瓷時說：「大邑燒窯輕且堅，扣如哀玉錦城傳。君家白碗勝霜雪，急送茅齋也可憐。」可見邢窯的白瓷是「白如雪」，細白瓷胎堅實、緻密，釉色細潤潔白，所以邢窯的白瓷有「類雪」、「類銀」的美譽，而越窯的青瓷由於瓷土細膩，胎質精薄，瓷化程度較高，所以釉色晶瑩潤澤，潔白而透明。正如陸龜蒙的詩云：「九秋風露越窯開，奪得千峰翠色來。」也就是說，青瓷的釉色晶瑩如九秋的露水，色澤如千峰滴翠。

唐代的陶瓷業有「南青」與「北白」之說，除此之外，唐代還出現了一種「釉下彩瓷」，它屬於鉛釉陶器。先用白色黏土製成陶胎，然後放在窯內素燒，陶胚燒成後再上釉進行釉燒，彩釉多是白、黃、綠、褐、藍等色。因為彩釉主要是矽酸鉛，用鉛和石英配製而成，透明無色。製作時先在白地的陶胎上刷上一層無色釉，然後再用多種金屬氧化物作為呈色劑，進行釉燒。如用氧化銅可燒成綠色，氧化鐵燒成黃褐色，氧化鈷燒成藍色。在燒製過程中並用鉛作釉的熔劑，由於鉛釉具有高溫流動的性質，鉛在燒製過程中就會往下流淌，成黃、綠、天藍、褐紅、茄紫等各種色調，呈現出從濃到淡的層次，斑斕絢麗，花紋流暢，頗能顯示盛唐風采，這就是聞名於世的唐三彩。「三彩」是多彩的意思，並不專指三種顏色。唐三彩造型美觀，釉色絢麗，成為世界工藝的珍品。

唐三彩

唐代的陶瓷以釉色晶瑩滋潤、色澤豔麗、造型獨特、富有生活氣息而著稱。

中國最早的紙幣——交子

交子是世界上最早的紙幣，它出現於北宋前期的四川地區。

北宋以前，歷朝歷代流通的都是質地較硬的貨幣，從貝殼、鐵錢、銅錢到白銀。北宋初期，四川地區專用的還是鐵錢。鐵錢非常沉重，每貫重約 12 斤，出門買東西，要帶上三五貫錢，攜帶非常不便，讓人苦不堪言。在四川地區要買一匹上等的絲綢，大概要付 130 斤的鐵錢，一個人是拿不動的，必須要用車拉或馬馱，這樣的交易非常不方便。

在北宋時期，隨著商品經濟的繁榮，交易的頻繁，為了解決攜帶方便的問題，宋真宗景德年間，今成都地區 16 家富商聯合起來，發行了世界上第一批紙幣——交子。這些交子，用同樣的紙來印刷，上面繪有房屋、人物、鋪戶押字等，各自隱祕題號，作為交易的憑證。交子的面值，要在具體使用時臨時填寫，持有者可到「交子鋪」交納現錢，交子鋪如數在交子上填寫貫數，然後交給持有者。以後，交子的持有者可以到任何一個有聯繫的交子鋪，將交子兌成現錢。不過在兌現時每貫要多交 30 文錢，作為手續費。交子的流通，免除了人們很多不必要的麻煩，便利了商品的交換，大大促進了商品經濟的發展。

交子最初是由 16 戶富商發行的，但在使用交易的過程中，屢次發生紙幣造假事件，使他們陷入經濟拮据狀態，從而難以維持信用。後來，交子的發行權就交歸了政府。天聖元年（西元 1023 年），北宋官府在成都成立了「益州交子務」，將交子改為官營，從此紙幣就成了法定的貨幣。兩宋時期還設有負責發行紙幣的專門機構。

北宋紙幣銅版拓片

官營的交子，票面很統一，並規定從一貫到十貫都有固定的面值，還繪有不同的圖案。政府規定，每三年發行一期交子，每期的款額為 125.63 萬貫，並以 36 萬貫鐵錢為後備錢。這就解決了富商時期無法兌現或偽造的問題。交子三年期滿後，政府發行的新交子，必須要拿原來的舊交子去兌換，每貫還要繳納紙墨費 30 文。如果期滿沒有去兌換交子，舊交子就成為一文不值的廢紙。由此可見，交子的出現還成了政府應對財政支出、聚斂財富的一種手段。

交子的出現，不僅大大促進了商業的發展，而且彌補了商業往來中現錢不足的缺憾，交子的出現要比西方國家發行的紙幣早了六七百年，也是世界貨幣史上的一大進步，在貨幣史上占有重要地位。

棉紡織機的問世

據考證，中國的紡織生產大約在舊石器時代晚期就已出現，距今約 3 萬年的山頂洞人已學會利用骨針來縫製皮毛衣服，這可以說是原始紡織的發軔。相傳紡織技術的誕生是在新石器文化時期，黃帝的妻子嫘祖曾組織一批女子在山上育桑養蠶織絲，為解決抽絲和織帛的困難，嫘祖發明了纏絲的紡輪和織絲的織機。

真正的棉紡織機卻是在元朝時由黃道婆發明的。黃道婆出身貧苦，十二三歲就被賣給人家當童養媳，不僅長累月要五更起、半夜睡，侍候全家人的吃穿，而且要遭受公婆、丈夫的非人虐待。那時閩廣地區的棉花種植技術傳入她的家鄉，因此棉花紡織技術也開始出現。她雖然吃不飽、穿不暖，但痴迷於棉紡織技術。每天家人睡後，她便在月光下苦練紡織技術。

由於她的勤學苦練，沒多久，她便熟練地掌握了全部操作工序：剝棉籽、彈棉絮、卷棉條、紡棉紗。只有當她沉浸在棉紡勞動中時，才能找到一種難以形容的樂趣。在紡棉、織布的過程中，有一些問題一直困擾著好動腦思考的黃道婆，而周圍的人又不能幫她解決問題。有沒有什麼新辦法來提高工效呢？她聽說海南島的紡織技術非常先進，有一天，她趁家人不備，躲在了一條停泊在黃浦江邊的海船上，後來就隨船到了海南島南端的崖州。

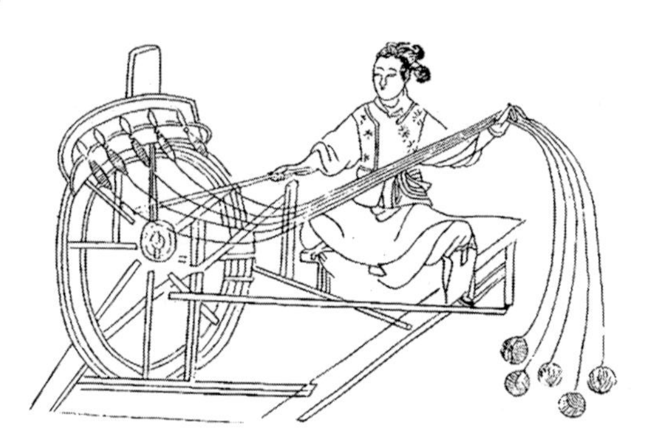

三錠腳踏紡紗車

海南島黎族的棉紡織技術比較先進，淳樸熱情的黎族同胞十分同情黃道婆的不幸遭遇，不僅接受了她，而且毫無保留地把她們的紡織技術傳授給她。黃道婆聰明勤奮，一直虛心地向黎族同胞學習紡織技術。皇天不負有心人，最終黃道婆把黎漢兩族人民精湛的紡織技術融合在一起，紡織技術在當地大受讚賞，逐漸成為一名盛名遠颺的紡織能手。黃道婆在和黎族人民不斷切磋技藝的過程中，還和黎族人民結下了深厚的情誼，親如一家人。黃道婆在美麗的黎族地區一待就是 30 年的時間。每逢佳節倍思親，黃道婆在 1295 年，終於回到了自己思念已久的故鄉烏泥涇（今屬上海）。

黃道婆重返故鄉時，當地的紡織技術仍然很落後。她回來後，決心致力於改革家鄉落後的棉紡織生產工具，經過長時間的精心刻苦研製，元貞年間，黃道婆終於製成了一套扦、彈、紡、織的工具：去籽攪車，彈棉椎弓，三錠腳踏紡紗車。她毫無保留地把自己精湛的織造技術傳授給家鄉的人民，使當地的紡紗效率大大提高。在織造方面，黃道婆創製出一套比較先進的「錯紗、配色、綜線、絜花」等織造技術，織出了有名的烏泥涇被，其上有各種美麗的圖案，鮮豔如畫。黃道婆還很熱心地向人們傳授織布技術，大大推動了松江一帶棉紡織技術和棉紡織業的發展。當地的農民採用黃道婆傳授的新技術織布，一天可織上萬匹。很快，松江地區一帶就成為全國的棉織業中心，而且幾百年經久不衰。18、19 世紀時，當時有「衣被天下」之稱的松江布更是遠銷歐美，獲得了很高聲譽。正是由於元代女紡織家黃道婆的偉大貢獻，從此，松江地區人民的生活才得到了很大的改善。

魚洗盆的絕妙

魚洗，在先秦時期就已經出現了，是古代漢族盥洗的一種用具，用金屬製造，形狀就像現在的臉盆一樣。在盆底上裝飾有魚紋，稱為「魚洗」，裝飾有龍紋的，故稱「龍洗」。它的大小如今天的一個洗臉盆，只不過在盆沿的左右兩邊各有一個把環，稱為雙耳，盆底是扁平的，並繪有四條鯉魚，魚與魚之間刻有清晰的《易經》河圖拋物線。特別的是，只要往魚洗盆內加注入一定量清水，然後用潮溼的雙手緩慢地、有節奏地來回輕摩盆邊雙耳，魚洗周壁就會產生對稱振動，魚洗盆裡的水也會發生相應的諧和振動，隨之馬上碧波蕩漾起來。如果摩擦恰到好處，還會產生兩個振源，振波透過水的傳播，互相干涉，使能量成倍增加，盆內剎那間就會波浪翻滾，伴隨著魚洗發出的嗡鳴聲，從四條魚嘴中還會噴湧出四股二尺多高水珠飛濺的噴泉。這就是物理學上的共振原理。漢代的魚洗盆，還把魚嘴設計在水柱噴湧處，這說明中國古代已經掌握了振動與波動的知識，也反映了中國古代科技已達到了高超的水準。傳說古代時曾把魚洗盆作為退兵之器，因為共振波能發出音響，眾多魚洗盆一起就匯成了排山倒海之勢，加上戰馬的嘶鳴聲，會令數十里之外的敵兵聞聲退步，不戰而潰。

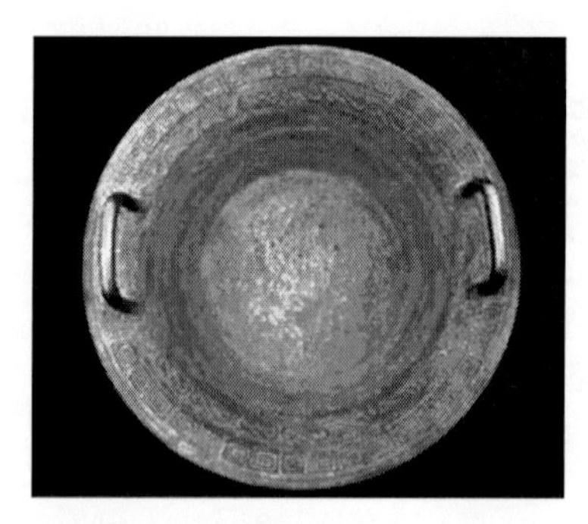

魚洗盆

針對中國古代魚洗盆的獨特之處，美國、日本的物理學家，曾用各種現代化的科學儀器反覆檢測查看數據，試圖找出傳感、推動及噴射發音的構造原理，皆是「望盆興嘆」。美國在1986年時，曾仿造了一個青銅噴水震盆，從外形看雖然酷似中國古代的魚洗盆，功效卻是相差甚遠。它不僅不會噴水，而且發音功能也很呆板。

第九章　軍事之強

連環翻板

歷代帝王將相，生前都過著奢侈豪華的生活，他們死後也不願放棄，會把那些價值連城的珍寶一起帶入自己的陵墓，但高貴的墓主們也都很清楚，那些陪伴他們長眠的寶石珍奇，從入土之日起就注定會吸引盜賊。所以，他們為了保障死後的安寧，防止自己的墓被盜墓賊侵擾，會絞盡腦汁把自己的陵墓設計修建得像保險箱一樣。秦代之後出現的連環翻板，就是一種陵墓機關暗器。

連環翻板，就是在墓主的墓道中挖掘一道深 3 公尺以上的陷坑，長短與寬度要根據墓道的具體情況而設定，坑下布滿了大約 10 公分長的刀錐利器。在坑的上層平鋪著數塊木板，木板中間安裝上軸，下面再綴上一個小型的相同重量的物體，讓它呈天秤狀，板的上面還有掩蓋物。盜墓賊一旦踏上木板，木板的一端隨之就會翻轉，人就會失去平衡，必定掉進早已鋪滿刀錐的墓葬坑內，很難存活下來。

當盜墓者落入坑後，由於木板兩端各綴有相同重量的物體，那麼木板很快又處於平衡狀態，復歸原狀，並在此靜靜等待下一個來犯者。如此循環往復，盜墓者也只能紛紛赴坑送命了。

連環翻板看似簡單，但其中蘊含著物理學上的機械原理。

後來古人把它用於中國古代的軍事上，最典型的體現就是城池防禦戰術。使用這種戰術，能巧妙地控制事物，並達到神奇的效果。由此可見，連環翻板也是古人對世界軍事的一大貢獻。

火箭的發明

每當逢年過節，小朋友們最喜歡玩的煙火就是「雙響炮」。點燃導線後，「雙響炮」就會直衝雲霄，在空中發出震耳欲聾的聲響。誰又能想到，這種被稱為「雙響炮」的煙火就是火箭的始祖呢？

火箭是以熱氣流高速向後噴出，利用它產生的反作用力向前推動的噴氣裝置。火箭最早出現在中國，是中國古代的重大發明之一。

古代煉丹家在煉製丹藥的過程中，發明了火藥。火藥發明後，隨著它的應用，為火箭的發明創造了條件。

唐朝末年，火藥開始用於軍事上，威力不是太大。隨著火藥配方和製造技術的進步，北宋初期，研製成功了固體火藥，並把它用於製造武器和煙火。當人們手持這些火藥武器、煙火燃放時，會感到火藥燃燒會向後產生很強的噴力。在這個原理的啟示下，北宋後期，有人發明了一種可升空的火藥玩具——「流星」，也就是後人所說的「起火」。這種火藥玩具可以說是真正意義上利用反作用原理的火箭，也是世界上最早用於觀賞的火箭。南宋時期，人們就按照這種原理製成了軍用火箭，這種火箭具有相當強的殺傷力，所以在戰爭中也開始頻繁地使用起來。到了明代初期，軍用火箭已經相當完善，被稱為「軍中利器」。

中國最古老的火箭是帶有炸藥的圓筒火箭，由箭頭、箭桿、箭羽和火藥筒四大部分組成。火藥筒的外殼是用竹筒或硬紙筒製成的，裡面可填充火藥。筒的上端封閉，下端開口，是排氣孔，從筒側的小孔裡可以引出導火線。點燃引線後，火藥在筒中燃燒，便會產生大量的熱氣，從排氣孔排出，高速向後噴射，由此產生向前的推力，這樣就能將火箭發送得很遠，其實這就是現代火箭的雛形。火藥筒相當於現代火箭的推進系統，鋒芒畢露的箭頭具有穿透的殺傷力，相當於現代火箭的戰鬥機。在尾部安裝的箭羽在飛行中能起穩定作用，相當於現代火箭的穩定系統。箭桿相當於現代火箭的箭體結構。

在這裡還有一個值得一提的萬戶飛天的故事。萬戶是明代的一個官員，為了實現自己的飛天夢想，採用了軍用火箭的發射原理，設計了會飛的「飛龍」火箭。萬戶認為萬事俱備了，有一天，他穿戴一新，興高采烈地坐到綁了 47 支火箭的椅子上。為保持身體平衡，他兩隻手裡分別拿了一隻大風箏。然後工匠們一起點燃了 47 支火箭，只見「飛龍」拔地而起。萬戶希望能利用火箭的推力飛上天空，然後再利用風箏平穩著陸，但結果是箭毀人亡。他描繪的藍圖雖然很豐滿，但現實很殘酷，這充分說明了過去早就有飛上藍天的美好願望。據史學家考證，萬戶是「世界上第一個想利用火箭飛行的人」，他用自己的生命為人類向未知世界的探索做出了重要的貢獻。為了表達對他為科學探索獻身精神的敬仰，在 1959 年國際天文學聯合會還以他的名字命名了月球背面的一座環形山。

13 世紀，火箭由阿拉伯傳到歐洲後，一直被當作武器來使用，成為歐洲資產階級戰勝封建階級的有力武器。第一次世界大戰後，隨著科學技術的不斷進步，火箭武器得以迅速發展，並在第二次世界大戰中發揮了巨大威力。

古代火箭是由中國人發明的，但由於長期的封建統治，統治者不重視對科學的發展創新，最終火箭只停留在禮花鞭炮中，終止了它發展成為現代火箭技術的進程。雖然歐洲落後於中國幾百年才學會了使用火箭技術，但現代火箭技術最終還是在歐洲發展起來了。

世界上最早的原始步槍 —— 突火槍

步槍的發源地在中國，而突火槍又是它的鼻祖。

唐初，傑出的醫學家孫思邈在他的著作《丹經》裡記載了用硫黃、硝石和木炭混合煉丹的方法。起初，硫黃、硝石都是用來治病的，但後來人們發現，這兩種藥和木炭放在一起就能著火，因此稱之為「火藥」。唐末，火藥被用於軍事，它的重要性馬上凸顯出來，正是由於火藥的發明才促成了火槍的誕生，為冷兵器發展到熱兵器創造了重要條件。大約在宋理宗開慶元年（西元 1259 年），中國最早的原始步槍 —— 突火槍問世了。

突火槍

突火槍是一種管狀火器，前段是一根巨大的粗竹筒作為槍身，中段膨脹的部分裝填火藥子窠（ㄎㄜ），就是子彈，後段是手持的木棍，在外壁上還有一個點火的小孔。在發射時，立木棍於地上，左手扶住竹筒，右手點火。點燃引線後，竹管中的火藥噴發，然後將「子窠」射出，並伴隨著如炮一樣的聲音，射程可達 100 多步，大約 200 公尺。突火槍不僅是兵器史上的一大創舉，是世界上第一種發射子彈的步槍，而且也是世界上最早的管形火器，它的發明大大提高了火箭發射的準確率。

突火槍既有槍筒，又有子窠，所以它具備了槍的雛形，但這時的「槍筒」是由竹筒或木頭製成的，用幾次之後，就會因為火藥爆炸時的高溫灼燒裂開，更甚者，射擊的時候還會因為筒內壓力過高而炸膛。此外，這種突火槍在射擊時，方式很僵硬，根本無法做到最基本的瞄準，再加上火藥的原料配比問題，推力相當有限，致使威力大大減弱。於是，金屬管形火器的出現已成為必然。在元代初年，就出現了用銅或鐵製成的大型管形火器，統稱為「火銃」。

從南宋開始至元朝，類似突火槍之類的火器被廣泛應用於軍事。後來隨著成吉思汗的西征，這類火器傳入了中東地區，從而使阿拉伯人掌握了火藥武器的製造和使用方法，並用於戰爭。之後歐洲人在與阿拉伯人長期的戰爭中，也逐步掌握了製造火藥和火藥兵器的技術。

突火槍的發明，極大地影響和改變了中國乃至世界戰爭的形勢，使戰爭變得更加慘烈。

地雷

地雷是一種埋入泥土裡或埋設於地面的爆炸性防禦火器，它出現於宋代。

地雷在中國有800多年的歷史。1130年，金軍和南宋軍隊在陝州大戰，南宋軍隊首次使用了埋設於地面的「火藥炮」，結果把金軍炸得人仰馬翻，傷亡無數，最終取得重大勝利。

到了明代初年，又發明了採用機械發火裝置的地雷，可以說這是真正意義上的地雷。在明代兵書《武備志》中就詳細記載了10多種地雷的形式及特性，還繪有地雷的構造圖。古代的地雷大多是用石頭打製成的，呈圓形或方形，中間鑿一個深孔，先裝滿火藥，然後杵實，中間留有一個小空隙，插入一根細竹筒或是葦管，從裡面牽出引信，然後再用紙漿泥密封藥口，這樣地雷就完成了。其構造簡單，取材方便，造價低廉，但威力巨大。進行戰鬥時，可預先埋在敵人必經之地，當敵人靠近時，透過點燃引信，引爆地雷，利用它的威力來殺傷敵人。因為是石製的地雷，貯藥量較少，因而爆炸力也較弱，後來在使用中不斷創新，尤其是發火裝置得到不斷改進，大大提高了地雷的有效殺傷範圍。史書記載，1580年，明代抗倭名將戚繼光駐守薊州時，曾發明使用了一種外殼用生鐵製成的「鋼輪發火」的地雷。其製法是在空心殼內放藥杵實，插入一個小竹筒，穿火線於內，外用長線穿在火槽上，藥槽接連在鋼輪上，然後埋在敵人必經之地達數十里的土坑中。當來犯之敵踏動機索時，鋼輪轉動與火石急遽摩擦發火，從而引爆地雷，使得鐵塊炸飛，火焰沖天。鋼輪發火裝置的使用，大大提高了地雷發火的準確性和可靠性。這種地雷是最早的壓發地雷，與今天「連環雷」的爆炸原理相似，從此地雷廣泛用於戰爭，而歐洲在 15 世紀才出現了地雷。

1840 年鴉片戰爭後，隨著外敵的大規模入侵，中國的有志之士又開始積極研製各種形式的地雷，主要是拉發雷、絆雷和跳雷等，其殺傷範圍可達方圓幾十丈，威力極大。

19 世紀中葉以後，伴隨著各種烈性炸藥和引爆技術的問世，地雷的設置也向著制式化和多樣化發展，在此基礎上誕生了現代地雷。在抗日戰爭中，獨創著名的地雷戰，為取得戰爭最後勝利奠定基礎。

神火飛鴉

神火飛鴉是現代火箭的鼻祖，誕生於 16 世紀末的明代。

明代史書上詳細記載了神火飛鴉的形式：用細竹篾、細蘆葦、棉紙編成烏鴉形的外殼，腹內填充滿火藥，腹下斜釘四支火箭，鴉身兩側各裝兩支「起火」，「起火」的藥筒底部和鴉身內的火藥用藥線相連，所以叫「神火飛鴉」。

在使用神火飛鴉時，先點燃火箭的火藥線，火藥在爆炸時就會利用「起火」的推力與火箭的反衝力，將飛鴉騰空送出，可射百丈之遠的敵陣。當飛鴉落下擊中目標時，裝在「烏鴉」背上與起火線相連的火藥線也跟著燃燒起來，就會引起「烏鴉」內部的火藥爆炸，霎時烈火衝天，火花四濺。它可稱得上是戰場上的軍中利器。

神火飛鴉

神火飛鴉發明後，還被用於攻城上。明代的宋應昌在他的《經略復國要編》中對神火飛鴉的攻城戰法做了詳細的記述，但由於神火飛鴉所攜帶的炸藥量不足，對修築牢固的城牆難以造成威脅，於是人們又發明了攻城的強力高射噴筒武器「毒龍噴火神筒」。這種神筒的竹筒大約 3 尺長，裡面裝的是毒火藥。因為使用時要先把它懸掛在一個高竿上，為避免敵人發現目標，進行反攻擊，此種武器一般是在晚上發射的。晚上趁夜深人靜，人們熟睡之際，開始發動攻城戰，先讓毒龍噴火神筒對準敵城

的牆堆口，然後順風燃放。當噴發出的毒火藥在敵人城中爆炸時，散發出的毒氣很快就會導致守城敵人中毒昏迷，從而失去防守能力，再將明火飛箭射入城內，以燒燬他們的房屋財產等，並用火炮轟擊。

明代經濟繁榮，海外貿易活躍，科技進步，政府重視，這些新的進步因素為明代兵器、火藥的發展奠定了堅實的基礎。所以明代是中國火器發展史上的黃金時代。

水雷

中國古代科技遙遙領先於世界，而明代在軍事技術方面對中國乃至世界的貢獻是令世人矚目的。

元末明初，由日本的武士、商人和海盜組成的「倭寇」經常騷擾中國東南沿海，嚴重危及了百姓的生命財產安全。為此，政策一直致力於東南海防，注重新式武器的研製，於是這一時期，一些先進的水上武器出現了。

1549 年製造的「水底雷」，稱得上是世界上第一枚水雷。發射時由人工操縱，射程遠，威力巨大，這比西方製造和使用的水雷早了 200 多年。

據史料記載，在萬曆年間抗擊日本海軍的戰鬥中，明朝海軍就使用了「水底雷」，一舉擊沉了一艘日軍的大型戰艦，這是人類歷史上第一次使用水雷取得的輝煌戰績。

1590 年製造的「水底龍王炮」，是世界上第一顆定時爆炸式水雷。此種水雷是用牛脬做雷殼，裡面裝的是黑火藥。使用時用香點火作引信，然後再根據香的燃燒時間來定時引爆水雷。此種水雷威力巨大，給倭寇以沉重打擊。

為抗擊倭寇，在 1637 年，又發明了世界上第一顆觸髮式水雷——「混江龍」。該雷是透過與艦船直接接觸而進行引爆的，在海上威懾一方，大大加強了海防。

在 16 和 17 世紀，各種類型的水雷已經成為明朝海軍的重要武器。

除此之外，明代還發明了一種能用於水戰的兩級火箭——「火龍出水」。「火龍」的龍身由約 1.6 公尺長的薄竹筒製成，在前邊安裝了一個木製的龍頭，後邊還裝上了一個木製的龍尾。龍體內能裝下數枚火箭，龍頭下有一個孔，可引出引線。在龍身下面，前後共裝有 4 個火箭筒。前後兩組的火箭引線扭結在一起，和前面從龍頭引出的引線相連。使用時，先點燃龍身下面的 4 個火藥筒，推動火龍向前飛行。火藥筒燃燒完後，再引燃龍身內部的神機火箭，這樣從龍嘴發射出的火箭可直接攻擊對方的艦艇，威力無比，殺傷力巨大。這種火箭的發射充分應用了物理學上的並聯、串聯的原理，即四個火藥筒的並聯、兩級火箭接力的串聯。可以說，這是世界軍事史上第一種能從戰艦上發射大型遠程火箭的威力武器，被認為是「反艦導彈鼻祖」。明代海軍也由此成為世界上第一支擁有先進裝備和使用反艦火箭的海軍。

康熙時的「神威無敵大將軍」

這裡所說的「神威無敵大將軍」不是一位武將，而是清代康熙時的一門大銅炮。

為什麼把大砲稱為「將軍」呢？這還得從明代的開國皇帝朱元璋說起。火藥發明後，唐代末年開始用於軍事上，宋元時期雖然有了突火槍、火箭、火炮等武器，但殺傷力都不夠巨大。有一次，作為農民起義軍領袖的朱元璋，在作戰中繳獲了幾門火龍炮，威懾殺傷力都很大。朱元璋如獲至寶，在後來的幾次戰役中都依仗著它們打了勝仗。於是，他下令把火炮中殺傷威力最大的封為「大將軍」。從此，火炮就有了大將軍的正式封號。

神威無敵大將軍是在康熙十五年（西元 1676 年），在北京鑄造的銅炮，名號也是康熙帝欽定的，並把它鑄在炮身上。這門銅炮重 1,000 多公斤，長 248 公分，炮口外徑 27.5 公分，炮口內徑 11 公分，炮身呈筒形，前細後粗，上面有五道箍。炮身中部還有雙耳，炮尾呈球形，可裝入火藥 2 公斤，鐵彈重 2.7 公斤。

神威無敵大將軍銅炮

1685年至1686年，清軍為抗擊俄羅斯的入侵，在進行雅克薩自衛反擊戰時，曾用它來殺敵。使用時先從炮口塞進火藥和砲彈，然後從炮身後部點燃引線，引發火藥爆炸，將砲彈射出。砲彈是實心鐵球，重2.5公斤左右。由於是從炮口裝填火藥、砲彈，所以又稱為前膛炮。

康熙年間，由於外敵的入侵，鑄炮數量、種類越來越多。皇帝出於喜愛，也經常根據各種炮的威力賜予「將軍」的封號，如神威無敵大將軍炮就是其中之一。在每次出征的前一天，士兵都要把大砲推到軍帳前，陳列供物，將士們要一起揖拜，獻酒於大砲，祈求上天保佑此次出征能大獲全勝。每當戰鬥結束大獲全勝時，全軍將士還要為使用過的大砲披戴紅綢，行叩拜禮迎接大砲的勝利歸來，然後再上奏請皇帝賜封其「將軍」的封號，如果打了敗仗，大砲也要受到杖責的懲罰，以告誡失敗的恥辱。

清初時，大砲在每次對外戰鬥中都發揮了重大作用，因此順治帝、康熙帝都非常賞識它，但此後終止了火炮的研製開發。尤其是到了 1840 年前夕，清軍所用的火炮仍是 200 多年前的老式炮，結果西方列強用自己的堅船利炮打開了中國的大門，對中國發動了鴉片戰爭。

中國最早的「特混艦隊」

所謂的特混艦隊，就是為了完成某個任務將航母、戰列艦、巡洋艦、驅逐艦、護衛艦、補給艦等變成一個艦隊去執行任務，大多數情況下特混艦隊規模不大，一般不超過 40 艘。

如果要說中國最早的特混艦隊，那麼明朝時鄭和下西洋的龐大船隊應該是當之無愧的。

明朝前期，隨著經濟的發展，國力的增強，為了加強同海外各國的聯繫，宣揚明朝的國威，明成祖朱棣派遣鄭和七下西洋。鄭和船隊是明帝國所組織的遠航船隊，也是世界上最早建立的一支規模巨大、史無前例的海上特混艦隊。

鄭和遠航的船隊，由載人的寶船、運輸的馬船、運糧的糧船、運兵的坐船、戰船等 200 餘艘遠洋海船組成。據《西洋記》中記載，出使遠航的船隻中，最大的是寶船。第一次出使西洋就有寶船 63 艘，第三次有 48 艘，第七次有 61 艘。每次遠航中的寶船體積都很大，最大的長四十四丈四尺，寬十八丈，折合今天的長度為 151.18 公尺，寬 61.6 公尺，大約相當於今天的半個多足球場大小，是當時世界上最大的海船。寶船的建造技術，達到了當時世界上木船建造的最高水準。寶船有四層，船上 9 桅可掛 12 張帆，錨重有幾千斤，要動用兩三百人才能啟航，一艘船可容納千人。隨行的人員有官校、旗軍、火長、舵工、班碇手、通事、辦事、書算手、醫士、水手等 27,000 多人。其中，官校、旗軍、勇士、余丁等是各色將士；通事是翻譯，辦事、書算手是管理貿易和書算的事務人員；陰陽官是觀察、預報氣象的人員；火長是掌管羅盤，掌握航行方向的；舵工、班碇手等是駕駛修理寶船的船工。在 27,000 多人的船隊裡，還有醫官、醫士 180 人，平均每 150 人裡就有一名醫生。鄭和船隊是根據海上航行和擔負的任務，採用軍事組織管理形式組建的。鄭和船隊的編制，由舟師、兩棲部隊、儀仗隊三個序列編成。其中，舟師相當於現在的艦艇部隊，按照前營、後營、中營、左營、右營組成編隊，兩棲部隊用於登陸行動，儀仗隊擔任著近衛和對外交往時的禮儀，莊嚴威武。由此可見，鄭和的遠航，規模宏大，人員眾多，組織嚴密。因此，鄭和船隊中最大的寶船，也就成為鄭和率領的海上特混艦隊的旗艦。

西元 1405 年至 1433 年，鄭和率領將士七下西洋。每次遠航，鄭和的船隊都是一支以寶船為主體，配合以協助其他船隻而組成的規模宏大的特混遠航船隊。鄭和的遠航船隊在規模上、裝備上、船舶種類和數量上都是史無前例的。在航海技術、通訊指揮和人員編制等多個方面也都是領先世界的。所以美國學者劉易斯．卡斯稱鄭和船隊是「一支舉世無雙的艦隊」，更稱得上是中國乃至世界上最早的「特混艦隊」。

鄭和下西洋戰船模型

國家圖書館出版品預行編目資料

是時候展示古人真正的「技術」了！行星觀測、簡易版火箭、麻醉藥問世、陵墓機關……那些你以為近代才出現的東西，其實早已在中國流傳了上千年！ / 韓品玉 主編，張潔 編著 . -- 第一版 . --
臺北市：崧燁文化事業有限公司, 2023.06
面； 公分
POD 版
ISBN 978-626-357-372-7(平裝)
1.CST: 科學技術 2.CST: 歷史 3.CST: 中國
309.2 112006542

是時候展示古人真正的「技術」了！行星觀測、簡易版火箭、麻醉藥問世、陵墓機關……那些你以為近代才出現的東西，其實早已在中國流傳了上千年！

官網

臉書

主　　編：韓品玉
編　　著：張潔
發 行 人：黃振庭
出 版 者：崧燁文化事業有限公司
發 行 者：崧燁文化事業有限公司
E-mail：sonbookservice@gmail.com
粉 絲 頁：https://www.facebook.com/sonbookss/
網　　址：https://sonbook.net/
地　　址：台北市中正區重慶南路一段六十一號八樓 815 室
Rm. 815, 8F., No.61, Sec. 1, Chongqing S. Rd., Zhongzheng Dist., Taipei City 100, Taiwan
電　　話：(02)2370-3310 傳　　真：(02) 2388-1990
印　　刷：京峯彩色印刷有限公司（京峰數位）
律師顧問：廣華律師事務所 張珮琦律師

定　　價：299 元
發行日期：2023 年 06 月第一版
◎本書以 POD 印製